服饰配件

彭娜　著

中国纺织出版社

图书在版编目（CIP）数据

服饰配件 / 彭娜著. -- 北京：中国纺织出版社，2019.1

ISBN 978-7-5180-4930-1

Ⅰ. ①服… Ⅱ. ①彭… Ⅲ. ①服饰－配件 Ⅳ. ①TS941.3

中国版本图书馆 CIP 数据核字 (2018)第079345号

责任编辑：汤　浩　　　　**责任印制**：储志伟

中国纺织出版社出版发行

地　　址：北京市朝阳区百子湾东里 A407 号楼　**邮政编码**：100124

销售电话：010-67004422　　**传真**：010-87155801

http://www.c-textilep.com

E-mail：faxing@c-textilep.com

中国纺织出版社天猫旗舰店

官方微博 http://weibo.com/2119887771

北京虎彩文化传播有限公司印刷　各地新华书店经销

2019年 1月第1版 第1次印刷

开　　本：889mm×1194mm　1/16　**印张**：9.25

字　　数：20万字　**定价**：65.00 元

绪 论

衣着服饰是人类重要的生活必需品之一，在服饰发展的漫长历程中，配件所起的作用是不容置疑的。服饰配件也称服饰品、装饰物、配饰物，是指与服装相关的装饰物。服装与装饰物是两个不同的概念，但又是相互联系、不可分割的整体。“服装”包含了衣服与穿着的含义，“装饰物”包含了饰品与装饰的意思，它们之间相互关联，相辅相成，形成了人们完整的着装视觉形象。

服饰配件不是孤立存在的，不可避免地要受到社会环境、习俗、风格、审美等诸多因素的影响，经过不断的演进和完善，才形成了今天丰富的种类和样式。如精美华贵的首饰、夸张亮丽的礼帽、典雅大方的包袋、时髦别致的鞋靴以及形形色色的手套、扇子、花饰、领带和眼镜等，它们的造型、材料、色彩、图案等，都是随着社会的发展而逐步形成并演进的，深深烙下了时代、地域、民族及政治、宗教、经济、文化等多方面的印记。正是这些不可缺少的条件，构成了服饰文化体系中服饰配件这一重要的组成部分。

装饰物的起源较早，从考古学家和人类学家的研究成果中我们可以看到，有一些装饰物在数十万年前的旧石器时代就已出现，早于服装的出现。装饰物出现的原始动机是多方面的，诸如原始巫术说、护体说、实用说、遮羞说、荣誉说、装饰说等。从装饰物所表现出的外观形态及装饰形式上看，实际的需要或对巫术神灵的信仰可能会导致某种装饰物的出现，而客观美感的存在及其对人们的感染力又导致了装饰物的发展，使装饰物的种类越来越丰富，样式也越来越美观。

服饰配件在服装的穿着中起着重要的作用，适当合理的装饰能使人的外观视觉形象更为整体，装饰物的造型、色彩以及装饰形式可以弥补某些服装的不足。服饰配件独特的艺术语言能够满足人们不同的心理需求。在人类文明发展不断进步的今天，服饰配件在服装领域中仍是不可缺少的，已成为人类群体中十分重要的文化成分之一。在许多场合，人们所追求的精神与外表上的完美，是借助服饰配件得以完成的。例如，每个人都可以按照自己的兴趣爱好来修饰装扮自己，在不同的环境场合中，选用合适的装饰物能起到很好的修饰点缀作用。

服饰配件的审美包含了设计艺术与穿着佩戴艺术两方面的内容。我们在学习服饰配件的过程中，应掌握服饰配件方面的丰富知识，如了解不同时期、不同风格以及各个不同品种的服饰配件的特征；了解服饰配件的造型、材料以及工艺制作流程；了解服饰配件与服装之间的关系及如何进行佩戴的知识，并逐步培养和提高我们的艺术素养、审美能力和创新思维。同时，应拓展思维、掌握设计规律，勤于动脑、善于动手，以使我们能够在今后的服装设计和服饰配件设计中得心应手地进行创作，为大家提供更多的优秀作品。

内容提要

本书从实用角度出发，阐述了服饰配件的概念、类别、特性、发展趋势等基础理论，在此基础上详细介绍了首饰、包袋、花饰品、刺绣、编结、鞋饰、帽饰、手套、袜子、腰带、披肩、围巾、领带、领结的设计与制作方法。本书注重理论与实践相结合，内容循序渐进，深入浅出，可作为服装院技师生及服饰配件爱好者的参考书。

目 录

第一章 概述

第一节 服饰配件的起源

服饰配件的起源与人类劳动生活和文明的发展是分不开的，它反映出文化艺术与社会经济、精神生活之间密切的关系。我们研究服饰配件的起源应与研究服装的起源联系起来，它们是同一体系中的两个分支。

一切事物的起源，都要受到历史背景的制约，如果脱离了这个条件，我们也就无法理解事物产生的特性，无法揭示事物所呈现出的心理因素与文化因素之间的关系。对于服饰配件的起源，也应依照有关的历史背景与文化背景来考虑，从人类赖以生存的环境对服饰配件产生所起到的作用以及服饰配件产生的各种动机和目的等方面加以探讨与追寻。

服饰配件的起源，是民族文化、艺术起源的一部分。人们在探究服饰起源时，总是想弄清原始人类穿着服装、佩戴饰物究竟出于何种动机和目的。人们从审美、文化人类学、艺术史等角度去探讨，通过心理学、行为学、社会学等多学科的综合研究，逐步揭示了服饰起源的内在含义。

一、护身与装饰

服装与装饰物的出现，离不开实用目的，护身、御寒、防晒、防虫是最基本的功能。腰带用于绑扎衣服、悬挂战利品；帽子用来御寒、防晒；鞋子用于护足与保暖等。日常生活中逐渐形成了固定的服饰物，同时还包含了装饰的意义。

人类最显著的特征之一，是对美和装饰的普遍追求。在原始的穿着习惯中，装饰物多于衣物的现象很普遍，人们佩戴饰物的重点在头、颈、臂、腕、腹与腿足部。德国学者格罗塞认为，原始部落的人“不但很热心地搜集一切他认为可以做装饰品的东西，他还很耐心、很仔细地创制他的项链、手镯及其他的饰物……他们实在是将他们所能收集的一切饰物都戴在身上，也是把身上可以戴装饰的部分都戴起装饰来的”。自然界的花草、贝壳、石头等物本来就有其美的一面，原始人类善于利用自然物来装饰美化自己，如将不同色彩的贝壳按一定规律间隔排列，将处理过的纤维制成绳索编结起来，把兽皮按人体结构裁剪制作成鞋帽等，这些装饰物在实用的基础上都尽可能美观、漂亮。最常见的颈饰，层次多、夸张、引人注目，而头饰、腕饰也同样丰富。有的原始部族所欣赏的美，在我们今天看来是不可思议的，因为美感的实施建立在忍受痛苦磨难之上。如有的部落在小孩七八岁时开始在其下唇和耳轮上穿孔栓塞，随着年龄的增大逐步更换大一些的栓塞，直到定型为止，形成一种永久性的装饰。据说，这个部族的人如果外出时没有饰栓塞，则在族人面前会觉得难堪。各种形式的原始装饰审美性有其特别的含义，自身的美化可以引起人们的注意、吸引异性或是满足自己的美感要求以及维系在同伴中的地位和关系。在原始的礼仪活动、庆典活动或宗教活动中，人们的服饰装扮更为突出，装饰的形式也比日常生活中更加夸张(图1-1)。

图1-1 埃塞俄比亚穆尔西部落妇女的唇盘

有一些原始民族，由于气候炎热，他们并不穿着衣服，但其装饰物却特别丰富，如美丽的羽毛、艳丽的花卉、奇异的贝壳、毛茸茸的动物尾巴等特别的东西都被用来作为装饰物。有的原始民族身体装饰的程度远远超过了衣服本身，如他们用贝壳、赤珊瑚、乌龟骨等物装饰在绳带之上，将绳带绕在背上作为饰物，也有的在帽子边缘饰以鹦鹉毛制成的扇状装饰。头部和颈部是他们装饰最丰富的部位，美丽、奇特的原始装饰物给头部和颈部增添了特殊的美感。

二、图腾崇拜与部落标志

图腾由北美奥日贝人的土语“Totem”“Dodaim”转化而来，意为“彼之血族”“种族”等，其特征和形态各不相同。如某个原始民族或部落，以某种动植物为象征，相信其与之有血缘关系，遂拜为祖先。对于这种祖先之图腾，人们认为其能够保佑部落成员安全，具有神秘的力量，因此部落中所有成员都必须加以崇敬。在这个部落中，身体装饰、日常用具、墓地等方面，都要采取同一的图腾装饰，以区别不同部落或集团。图腾的装饰形式多样，服饰配件作为图腾标志只是其多种形式之一。在原始社会这是一种极为普遍的装饰现象，甚至在当今世界上许多遗存的原始部落中还可见到端倪。

象征图腾崇拜、部落标志的服饰配件，主要有颈饰、头饰、腕饰等。所取材料以图腾的不同而各异，各种图腾形象——即动物、花草和自然形象都被应用在原始装饰上。装饰物则能够直观地给人以视觉效果，如有的狩猎民族直接把图腾动物的皮毛披绑在身上，头悬于胸前、尾垂于后，象征着部落的祖先或图腾形象。

原始部落比较封闭、流动性小，但他们仍有许多与其他部落交往的机会，因此有自己部落特定的标记是很有必要的。很多原始部族是通过文身、佩戴装饰物加以区分的。他们装饰的标记丰富奇特，区别也非常明显，使人一看便知是哪个民族或部落。如有的原始部落以鼻栓作为标记，有的则以发饰、胡须的装饰来表示，标志或在饰物上雕刻出来，或用刺绣方法表现，或绘制在兽皮、纺织品上，或用绳线编结出来，从服饰到日常用品，处处可见这种现象，标志的作用被反复体现出来。

原始人类所处的环境艰难险恶，人们无法解释自然界中出现的各种现象，也无法抵御突如其来的生死病变。当他们面对茫茫天地束手无策时，一些现象或物体反复地出现并且显现出突出的特征，给他们以强烈印象，使原始人产生一种充满力量的意象。他们相信万物有灵，灵性充满人类整个环境和所有事物中。某物的灵性能够赐给他们超自然的力量，去征服那些“不可战胜”的现象。由此而产生的形形色色的生灵、神灵、精灵等统治了原始人的精神世界，再由物质形象体现出来。服饰配件是体现原始宗教观念的一个组成部分。世界上许多民族都具有丰富的装饰物，而原始民族的装饰物，除美观之外多带有特定的宗教含义，如护身、避邪、除魔、驱鬼、符咒等。人们利用自然材料，把羽毛、石头、动物的骨、齿、贝壳等物制加工成项圈、鼻针、耳环、面具等物，悬挂于身。尤其是颈部“相接于头部与躯干，原始人视为性命关键之所在，故必在其上套以咒物，行超自然力（互拒魔术）而保护之”。有许多原始部落尽管在热带强烈的阳光照射下，但他们却并不需要依靠戴帽子来遮挡阳光，帽子在那里显示出的宗教意义远比实用意义要大得多。帽子或是当男子成人之时才可佩戴，或是部落首领才有资格佩戴，它带有“巫术性”的神秘特征。

三、勇士与权力的象征

原始民族大都以平和、友善、共同生活为特征。他们将捕获来的猎物一起分享，按照不同的等级地位进行分配。在装饰形式上也有其特殊的意义。原始民族的天敌之一是猛兽，但是当勇敢的捕猎者制服了这些猛兽后，将猛兽的齿、角、蹄、尾等部位串饰起来佩戴于身，起到了美化自身、展示勇猛的标志性作用。

装饰物在原始时期还可作为权力的象征。部族的首领所佩戴的饰物都有一定的样式和形制。通过服装、装饰物和装饰方法来体现尊卑等级，这种形式和观念一直延续下来，甚至如今在一些民族和地区还能寻到它的踪影。原始部落的首领一般都是德高望重、有勇有谋的人士，他们的装束大都更为丰富、夸张，以便与部落其他成员有所区别。这与后世皇帝佩戴皇冠、着龙袍而百姓只能戴便帽、着素装是一致的。

以上所述服饰配件的诸多内涵，不是单独、孤立地存在的，往往是多种因素并存，它离不开时代、环境以及人们的行为观念等各种因素的影响。在一种佩戴方式或表现形式当中，或许是审美、实用、宗教等因素同时体现出来，只是其中某种因素表现得更为明显、突出。

第二节　服饰配件与服装的关系

服饰品与服装是人体着装姿态的两个方面，与服装搭配形成一个整体的面貌是服饰品的真正意义所在。一方面，服饰品的材料与服装材料不同，并且比服装材料更丰富。服装材料主要以纺织面料、皮草为主，质地较软，而服饰品材料有硬有软，从纺织面料到羽毛、皮革、矿石、金属、木材、陶瓷、蕾丝、缎带等，与服装材质形成对比，丰富了服装的视觉效果和材质对比效果。另一方面，服饰品的体积一般小于服装与服装搭配在一起形成体面的大小对比感和点、线、面的形式感。从服装风格上来讲，服饰品与服装的搭配可以强化服装风格。正如有些服装品牌，为了制造统一的服饰风格，根据自己品牌的风格定位设计并生产出一些服饰品与该服装搭配。

由此看来，服装风格与服饰品风格的统一是多年来大众认可的服饰搭配方式。如：隆重的社交礼仪场合，与正装相配的总应该是做工精致、价格高昂的服饰品；工作环境中使用昂贵的服饰品（尤其是首饰）会被认为是在炫耀财富，应搭配造型色彩不太夸张，简洁一点的首饰与工作气氛相协调；在休闲时间里，倒是可以选择价廉物美的各式风格的服饰品与服装搭配，给人自由、自然、轻松之感；在民族传统的节日中，也都使用传统式样的服饰品，以加强民族特点；户外旅游总不适合大串珠子、脚环、臂环都配上，引来行动的不便。某些社会群体，他们有自己的一整套价值观、审美观，为标明他们的与众不同，服饰品与服装都专门设计，用服饰语言表达他们对社会、对人生的态度，如早年的嬉皮士们，除了穿东方民印花布服装外，还佩戴大串大串的彩色珠子并且是几串同时使用，以加强服饰的风格和感染力；着朋克风格服装的青年们，都不忘带上饰有金属钉的黑皮革腰饰、手套和包袋，并讲究发型独特的彩色头发，以引人注目。我国20世纪60 ~ 70年代，崇尚军人形象，年轻学生常穿着无领章、帽徽的军装，并且一定要挎上单肩军用挎包或穿上胶底军用鞋。当然这些是被大众普遍认可和使用的服饰搭配方式。在现实社会中，也存在个别人或人群，不随大众，有自己独特的着装观点，也不一定讲究服装与服饰品风格的统一。此外，服饰搭配方式，也会因为地区和经济条件的不同而不同。所以，服装与服饰品的搭配关系在社会不同范围内有不同的价值观，没有一个固定的模式。

第三节　服饰配件的基本类别

除服装（上装、下装、裙装）以外所有附加在人体上的物品都可归为服饰配件或称饰品。它包括首饰、领饰、包袋、帽子、腰饰、鞋、袜、手套、脚饰、花饰、伞、扇子、眼睛和肤体装饰（如文身）。它的种类较多，现在也把打火机、手表等随身的物品作为服饰品，所以有很多服装品牌公司在生产服装的同时，也推出各种系列的鞋、帽、首饰、腰饰、围巾等服饰品，以增强该服装风格的整体性。

（1）帽：戴在头上用于遮阳、保暖、挡风或具有象征意义的物品就叫帽子。

（2）首饰：用于头、颈、胸、手等部位的饰品称首饰。首饰包括 耳环、项链、面饰、眉环、舌环、鼻饰、腕饰、手饰等。

（3）领饰：用于领口和紧挨领口部位的装饰物，如领结、领花、别针、胸针、领带夹等。

（4）围巾、披肩：用于颈部、肩部的以丝织物、毛织物为主要材料的物品。

（5）腰饰：用于腰部的各种物品称腰饰。有以实用为基础带装饰意义的，如皮带、吊裤带、吊袜带；有纯粹以装饰为目的的，如腰饰、腰带。

（6）包袋：以实用为基础，并具有装饰意义的背、挎在肩上或拎在手上的盛物物品。

（7）鞋袜、手套：以实用为基础，用于脚、手部位的物品，有防护、保暖作用。

（8）脚饰：用在脚部的装饰或装饰物，其美化意义居首位，如脚环，趾环。

（9）立体花：用服装材料制作的或者用线编织的仿真花，用在服饰上起装饰作用。

（10）其他物品：包括眼镜、扇子、伞、打火机等。

第四节　服饰配件的特性

世界上几乎每个国家和民族的历史都有关于服饰配件的记载，其装饰形式及装饰行为与各地区的生活环境、生活习俗息息相关。人们的观念和技术的积累也导致了服饰配件的发展。首饰的应用、腰带的式样、背包的功能、鞋靴的变化等都有其历史文化背景和特定的内涵，人类世代相传的习俗形成了服饰配件的特有含义，具有区域特征和传统形式。

如果将各时代、各民族的服饰配件作一比较分析，就可以清楚地看到，服饰配件有诸多特性，如从属性与整体性、社会性与民族性、审美性与象征性等。由于这些特性，决定了服饰配件在服饰艺术中的地位及其完整的概念。围绕着这个概念而引发出的各种现象，自然会令我们去思考、去追究，弄清它的来龙去脉，弄清它的内涵及意义。

一、从属性与整体性

从服饰配件中的“配”字中可以看出，它在服装体系中所属的地位具有从属的特征。一个人的仪表要通过内在因素和外在条件两个方面体现出来。内在因素包括个人气质、文化修养、道德标准等，而外在条件则是通过服装、饰物、发型、化妆等方面体现出来，两者有机结合、统一，才能更加完美。在一般情况下，人们穿衣服除了有御寒保暖等实用作用外，还可以烘托人的气质、个性，使人的整体形象更加美好，因而衣服应具有主导地位。相对于衣服本身而言，配件、化妆、发型等都要围绕衣服来考虑，通过配件、化妆、发型突出服装这个主体，从而进一步突出穿着者的整体形象，由此体现着装者和设计师的审美水平和艺术品位。

然而，在某些特定的场合中，为了突出装饰物，设计师也可将服装与配件的关系倒置，从而产生意想不到的特殊效果。例如在首饰发布会上，模特身着款式简洁、色调素雅的服装，但佩戴着华丽的首饰，珠光宝气，光彩迷人，突出了珠宝首饰的特点，达到了宣传的目的。有的少数民族地区或原始部落，由于受民族文化和习俗的影响，服饰装扮特别丰富，首饰、鞋帽等配件都非常有特色，有的甚至比服装本身还要耀眼。如我国苗族的银饰、藏族等民族的装饰物、澳洲有些部落的贝饰和鸵鸟毛的头饰等，它们的外观都远远超出了服装本身给予人们的印象，展示出神秘古朴的原始风情。

整体性也是服饰配件的基本特征之一。服饰配件的每一个类别既可以单独的形式存在，又可融入着装的整体之中。如从材料、款式、色彩、工艺以及服饰配件的种类等方面看，每一个配件的类别都有着自己独特的要求，它们之间也有着本质的区别。但是从服饰的装饰效果看，它们之间又有着必然的联系。无论是首饰、包袋还是鞋帽，每一个局部如果配合不当都会引起整体上的不协调。从美学的角度来分析，服饰作品的完成过程实际上是一种艺术综合过程，在此过程中，许多独立的服饰配件种类被设计师有机地结合起来，形成一个崭新的、完整的视觉形象。

服饰配件的艺术组合有两种形式，一是由独立的饰品组合成一个品种的整体系列，如耳环、项链、戒指、胸针、发簪等组合为首饰整体系列；书包、沙滩包、宴会包、公文包等组合为包袋的整体系列；皮靴、皮鞋、凉鞋、布鞋等组合为鞋靴系列等。其中还可以分为更小单元的系列组合，如同类型的戒指系列、沙滩包系列、皮靴系列等，在小范围的独立饰品中组合成小型的整体系列。另一种形式是由不同的、独立的品种组合成一个完整的服饰形象系列，如将衣服、首饰、帽、鞋、手套、腰带、伞等不同元素按照设计师的创意综合于服装设计中，所展示出来的作品应该是整体而完美的，虽然每件装饰物各自具有独立的特点，但将其有机地结合在一起，可达到多样装饰物间和谐、统一的艺术效果。在设计中，如果将服装与配件分别考虑，将其整体构思与独立的特点割裂开来，则必然会削弱服饰整体形象的表现力。

由于环境、时代、文化等方面的差异，人们对服饰的装扮有不同的要求，服装与饰物之间的隶属关系也根据具体的因素而变化。在现代日常生活中，人们的着装准则依赖于当今的环境、文化、审美和潮流，人们对着装的要求体现在美观、舒适、卫生、时尚、个性和整体协调等方面，以服装为主体，鞋帽、首饰等服饰物都要围绕服装的特点来搭配，从款式、色调、装饰上形成一个完整的服饰系列，与着装者形成完美的统一。

二、社会性与民族性

服饰配件的发展体现出社会性与民族性。从纵向看，不同时期的文化、科技、工艺水平、政治、宗教等各方面对服饰配件产生了深刻的影响，这种影响必然反映出艺术性、审美性、工艺性、装饰性等方面的变化；从横向看，不同的民族风情、民族习俗、地域环境、气候条件等因素，使不同民族、不同地域的服饰配件具有各不相同的形式和内容。

社会变化的因素对服饰配件的影响很大，有时甚至对饰物的发展变革起决定性作用。如在我国历史发展进程中，珠宝饰物及其他佩饰都被赋予了一定的政治含义，成为当时社会地位或身份的象征，社会对于珠宝的佩戴、配饰的穿用都有严格的等级区分，不仅普通百姓受到限制，就连朝廷命官也受到严格的制约。

社会的重大变革往往引起生活习俗的变化，也会影响服饰配件的发展和变化。例如，辛亥革命推翻了大清王朝，使体现封建等级的官爵命服、顶戴花翎与朝珠一律废除，珠宝佩饰也失去了等级的意义。人们的鞋帽服装逐渐演变得更为简练、实用、舒适，人人平等，均可穿用。又如，第一次世界大战的爆发，使欧洲处于残酷的枪林弹雨之中，人们生活在悲哀紧张的环境中，无心顾及时髦的衣服和精美的佩饰，实用、牢固、使用方便才是当时人们的需求，那些奢侈的珠宝首饰被人们无奈地舍去，而一些简单、体积小的项链、宝石等饰品被作为护身符或避邪物随身佩戴，带有保佑平安或纪念亲人的含义。

社会经济的发展、工艺技术的提高，也能给服饰配件带来新的转机和变化。如金属冶炼技术的发明和进步，使金属首饰的发展从无到有，愈加完善；纺织面料的出现使包袋、鞋帽等由皮革制品或单一的编结制品发展为多面料、多品种、多功能的形式。因此，服饰配件的发展和变化，与社会的进步是分不开的。

民族习俗代代相传，经过漫长的时期而形成，因此变化缓慢，也不会轻易改变。服饰品在许多民族中是非常重要的装饰形式，每种饰物的形成都包含了本民族特定的风俗，从饰品的外形、选材、图案、色彩等方面都体现出各自的风俗习惯及特点。如我国土族妇女非常注重头饰，不同地区的土族头饰的样式和名称都不相同。土族把头饰称为“扭达”，根据不同的地区，分为“吐浑扭达”“适格扭达”“雪古郎扭达”等。我国苗族也是极为重视头饰的民族，头饰以银制品为主，造型别致丰富，银白亮丽，显得雄浑壮观。大洋洲巴布亚新几内亚土著人的头饰，用大块的动物毛皮围裹在头上，再装饰上红黄色羽毛，除表示其部落图腾的含义外，还表明佩戴该头饰的男孩已步入成年。同样是头饰，但所用的材质、造型、色彩、装饰手法、装饰形式及所体现出来的含义的差别，最终取决于各自的民族习俗、地理环境及其他因素。

三、审美性与象征性

服饰配件的形成和发展，是在人与自然的交融中逐渐发展与成熟的。随着人类各方面能力的不断提高，所使用的各种器物包括服装与饰物都被发明、创造出来并进行作不断地功能改进。同时，在实际应用的基础上，人们更注重审美追求，在造型、色彩、纹样等方面不断完善，使服饰配件日趋完美。如我国新石器晚期的龙山文化遗址出土的簪发玉笄，笄上镂刻有精美的饕餮和鸟首等装饰纹样（图 1–2）。汉代妇女常用的步摇簪珥，造型别致精巧。步摇以金银为首、以桂枝相缠，下垂以珠，用各种兽禽形象以点翠作为花胜，将其插于发髻之上，步动则摇。簪的造型美观夸张，簪长一尺有余，一端饰以花胜，加上以翡翠点于羽毛、嘴衔白珠的凤鸟。簪在汉代被普遍使用，既有固定发髻的作用，又可作为装饰。另外，横插于发髻上的镊、花枝状的花胜、象骨制的鸱等装饰物，都是非常美观的头饰。

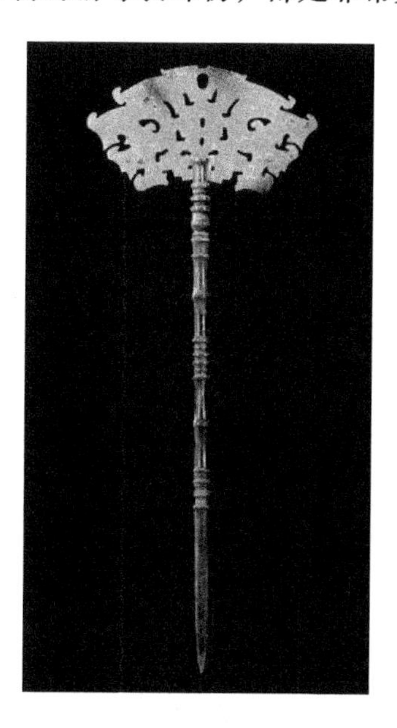

图 1–2 龙山文化簪发玉笄

服饰配件的审美性往往与象征性密切联系，自社会开始有阶级分化起，等级制度逐步形成后，等级差别也必然反映到服饰配件中。如冕服制确立了上下尊卑的区分，按贵贱尊卑各服其装，不可越礼。单从冠帽上看，帝王冠冕堂皇，百官职位的高低以冠梁数的多少及色彩、饰物的不同来区分，平民百姓只能戴巾、帻等，人们从服装穿戴中能够清楚彼此的身份地位。同时，人们还通过服饰配件表达富有和奢华，不惜花费大量的金银珠宝进行装饰以满足心理上的追求。在这一点上，纺织工匠和金银首饰工匠做出了不朽的贡献。他们生产出各种纺织面料，在服装上镶嵌各类晶莹的珍珠宝石的戒指。贵妇们为了炫耀富有，穿着华丽的服饰，从头至脚都佩戴着饰物，如装点着珍贵的宝石戒指，镶着珍珠的耳环、项链等，无形中也促进了饰物的发展。因此，在漫长的历史进程中，装饰物的发展越加丰富多样，美观华丽。

第五节 服饰配件的发展趋势

每个时期的服饰配件都与社会的工业生产方式、社会政治因素等条件紧密相关。服饰配件也随着服装新的设计观念、新的风格、流行思潮以及层出不穷的新材料、新工艺而产生新的变化。如随着新型材料莱卡（LYCRA）的出现而使裤装或袜子更加合体、富有弹性；新型合金首饰以价格低、款式多的特点受到众多人的喜爱。现代服饰配件从设计、制作、生产、佩戴都形成了专门的体系，更讲究实用性和装饰性的完美结合，并注重配饰与肌肤的触感、透气性能、健康性能、装饰的合理性以及视觉上的独特感。

现代服饰配件设计早已跨越了民族与国家的界限，超越了以往狭义的设计范畴。各种与人们日常生活息息相关的精神、文化、经济等因素，都被充实到设计当中。人们追求生活的富裕美满、心理上的丰硕感和满足感，新的设计思维方式给现代服饰配件的发展增添了新的气息和魅力。

现代生活方式包括经济实力、心理状况、社会因素及个人的精神等各方面的条件，它决定了人们的审美观和心理需求，对服饰配件设计提出了多方面的要求。因此，我们应从这个角度来分析21世纪服饰配件的发展趋势。

一、中西合璧与民族交融

中国是一个文明古国，又是一个各方面正在与世界接轨的发展中国家，文化艺术正处于传统与现代交织、东西方融会的新时期。服饰配件也和其他艺术种类一样，正向着新的目标迈进。优秀的传统精华与现代艺术的结合，本民族艺术与外来艺术的融合以及人们对生活的更高要求，都使得服饰配件不断以新的面貌出现。中国人对西方文化艺术的借鉴运用，使许多服饰配件富有迷人的欧美情调；而西方人对东方传统文化的向往，又使他们的服饰装扮富有浓浓的东方韵味。他们各自从对方优秀的传统风格中发掘出灵感，将其与自己的民族特征相融，加以提炼和创新，设计出的作品具有更新的形式、更深一层的意义，而不是仅仅停留在模仿借鉴上。因此，我们可以从服饰配件的作品当中品味出中西合璧的意念及中西艺术相异的内涵。

20世纪90年代以后，国际首饰设计强调创意和个性化的风格。各国都立足本国、本民族的风情及文化特征，竭力去发掘其他民族文化的精华而激发出创作灵感，在东西方具有差异的文化艺术内涵方面互为补充。如西方浪漫而富有光彩的钻饰与东方细腻、精致、含蓄的饰物尽善尽美的组合，使得现代首饰更加华美多彩。

21世纪，各国各民族之间文化的交往进一步加强。我国丰富多彩的服饰配件以其柔婉含蓄的内在精神，被世界服饰艺术界所接受；西方服饰艺术中的精华之作也会不断地影响着我们古老的中华文化。因此，中西合璧的风格本身既反映出人们共同追求的目标，又反映出强烈的时代感。

文化的民族共融现象已扩散到世界各地，在我们周围随时可以找到其他民族、文化带来的异国影响。在我们的服饰配件中尤其能感觉到不同民族风格带来的特性与趣味。

世界大家庭包容了数百个不同的民族以及他们各自的文化、风俗和艺术。现代通讯技术的发展把世界各个不同地方的古老而优美的服饰配件逐渐展现在人们面前：苗族美丽的银首饰；美洲印第安人奇特的羽毛头饰；阿拉伯天方夜谭般神秘的面纱；西部牛仔们潇洒的帽子与领巾；非洲土著部落粗犷朴实的木制唇饰等。在亘古时空中演变至今的各民族传统服饰配件齐聚一堂，使人们眼界更加宽阔、思维更加拓展。各民族不同风格的服饰配件借鉴、交融而产生的新型装饰物，更具有现代气息，也更易于为人们所接受。

银制首饰是众多民族喜爱的装饰物，多以造型精致美丽、佩戴讲究、数量品种众多而著称。当代的设计师从其银白色的金属情调中寻找到灵感，从银饰诱人的高贵风格中找到了创作冲动。他们在黑色小背包上镶以银制品；在牛皮腰带、厚底凉鞋、裙装等物品上配上银饰物。用民族传统、古朴怀旧的风格来装点时尚，使装饰物的外观更显出现代风格。

来自非洲原野的土著民族，以他们编结的围腰、披挂装饰以及富于动感的流苏装饰征服了现代的设计师们，使设计者们从粗犷的语言中寻求到原始与现代结合的语汇，从野性的服饰中找到民族的精华。原始民族的灵魂孕育了现代的潮流时尚，人们从中找到了更为纯真的生活与文化。

二、回归自然与环保潮流

回归自然之风在20世纪90年代后流行了多年。而21世纪10初的服装流行主题之一仍将“自然”之风推为首位。人们赖以生存的大自然，是服饰配件设计最好的灵感来源：联想自然、表现自然、回归自然成为服饰配件创意的主流。服饰配件在色彩、图案造型、质感肌理上，无不展示出自然界与生俱来的形态，如受大地干燥龟裂的纹路启示而设计出的耳环；自然动物造型的首饰；干枯树枝交错排列造型的帽子等。大自然中五光十色、艳丽夺目的色彩都被应用于装饰物的设计之中。天然纤维、天然材料制成的装饰物更加得到人们的青睐。天然纤维或亚麻绳编结出的肚兜、腰带，使T型台充满了生机；而鲜花头饰重又出现在新娘婚礼服上等。人们越来越多地看到：“自然”赋予我们的创作灵感主导了未来与现实，并呼唤人们拥抱自然、保护自然、崇尚自然。只有这样，和谐、安宁、美好才能与人共存，并产生无尽的活力与强大的生命力。

近年来，环保成为人们所关心的切身问题，甚至影响了人们的审美与价值取向。因此，生态环保意识将继续在未来引领消费的价值取向。

绿色植物的茂盛生长、海洋的生态保护及生态环境的维持、防止水土继续流失、减少人为的大气污染等主题，激励着人们尽自己的努力创造美好的家园。服饰配件设计的灵感来源之一，就是将环保意识融入到创作中去。花卉植物茂盛生长的自然造型、各种动物生活在清洁无污染的自然环境中、人类免受各种化学品的侵害等，都以各种特殊的艺术形式表现出来。如圆形木片制成的幸运符、动物骨雕刻的项链、贝壳串成的腰带以及各式各样的麻织、草编的帽、鞋和包袋等，给人们带来大地的风情，受到人们的宠爱。

三、思乡怀旧与和平心声

现代社会人们的生活节奏加快，精神高度紧张及物质财富需求增加，人们更需要轻松的生活以及人与人之间情感的交流。人们重新发现宁静的田园生活、珍贵的温情友谊以及典雅的古典情调能够给紧张的现代生活带来温馨与慰藉；新世纪的忆旧情怀，出自于人们对过去生活经验积累的尊重与感怀，古代典雅精致的服饰配件又以新的面貌重新与人们见面。反映乡土情怀及乡村生活的宁静、安逸、平和、浪漫的各式服饰品，时常流露出传统、古老的风格。游牧、梦幻、高贵的怀旧服饰配件使喧嚣都市生活中的现代女性开阔了眼界，使之对服饰配件的主题有了新认识。各式饰带、流苏、刺绣以及珠宝首饰与现代服饰巧妙地结合，正符合了今日休闲轻松的服饰观。

近几年来，世界上一些地方仍有充满了骚乱、争斗和血腥的杀戮，人们厌倦了无休止的战争、恐怖活动。因此，人们对世界和平的渴望与对生命的热爱比任何时候都迫切，在全世界人民渴望和平的大背景下，国际流行时尚潮流也掀起人们追求和平、呼唤和平的理念。人们用富有时尚感的服装和服饰配件设计诠释反对战争、崇尚和平的追求，如在珠宝首饰设计领域，人们将彩色、自然、和平内涵融入珠宝的设计之中，用缤纷色彩表达了和平信念。在巨大的战争图片背景前，身着素色时装的模特展示出全新的数百款“反战首饰”，其中以“反对战争·珍惜生命”为主题的首饰，分别以和平鸽等元素为造型，外形设计简约、庄重。“彩色、自然、和平”系列首饰，以18K金为材质，镶嵌钻石、珍珠、紫晶等，用自然高贵与温和典雅的风格来表达崇尚和平的愿望。这一款款首饰，充分表达了人们反对战争、呼唤和平的心声。

第二章 首饰

第一节 首饰概述

一、首饰的历史沿革

人类佩戴首饰的历史已有数万年了。在距今四五万年之前的旧石器时期，人们就已开始将自身生活环境中可以找到或可以直接利用的动物的齿、骨，植物的纤维或种子用作装饰自己的饰物。随着社会的发展和科技的进步，首饰的家族越来越庞大，用材、造型、工艺、图案等方面也越来越完美。虽然在漫长的历史进程中，有些首饰曾被统治者所垄断，成为权力和地位的象征，但今天，首饰作为装饰艺术品已被越来越多的人所接受、所喜爱。它能够体现出人们的审美需要和情感需要，同时也反映出人们当今的价值观念和生活方式的一个侧面。

首饰起源的因素和动机是多方面的，从已发掘出的世界上最早期的首饰品之一——旧石器时代晚期"山顶洞人"由形态各异的石头稍加打磨、凿孔后串接而成的串饰来看，在数万年前，原始人类就已经懂得并会制作、佩戴项链，这给我们逐步揭开首饰起源这层神秘的面纱提供了原始依据。

从世界上许多地区发掘出的原始首饰中可以看出，它们有相似的造型、相似的装饰方法以及相似的手工技术，虽然所采用的原材料不尽相同，但都以本地区能够利用、便于得到的物品为主要材料。居住在山区的人们常选用动物的牙齿、骨头、蹄角、尾巴和鸟羽、石头等物作为首饰的材料；而居住在海边的部落则选用鱼骨、贝壳、龟壳以及美丽的珊瑚等天然物品作为材料。这些大自然赋予的神奇材料，不仅给原始人类带来了美的享受，更多的是满足了原始人类自然生活中多方面的需要，也就是首饰起源的一些必要的因素。

巫术礼仪或避邪等因素存在于原始人类的首饰中是普遍的。落后、简陋、原始的生活方式和人们对自然现象的无知，都使他们无力抵御大自然中的各种灾害，无法战胜凶猛的野兽。因此，他们将希望寄托在神灵或鬼魂身上，一些用兽骨、牙齿、珠子、石头等串起来的项链、项圈、胸饰或腕饰都被当作护身符，以此来避邪镇妖，保佑平安。有的原始部落以某种动物象征自己的祖先，在住所、衣饰等物上都要雕刻上这种动物的图形，祈求处处受到它们的保佑。

审美因素也是首饰起源的一个很重要的因素。大自然中色彩艳丽、造型美观的花草、动物羽毛以及斑斓奇特的贝类、石头，都能给人们带来美的享受。颈部是人体上最适宜装饰的部位，因此，颈部所戴的装饰也最为丰富。原始人类将从大自然当中得到的任何材料，并不是任其自然地用作装饰，而是或多或少地经过美化加工、挑选、组合，使其形成新的结构和形态。如人们将石头、牙齿、果实、贝壳和花朵整齐、有规律地排列起来，串成颈饰或其他饰物，从审美的原则来看，它们显得对称、富有节奏感。

从山顶洞人将小石珠穿孔制成的串饰，到仰韶文化遗址中发掘出的骨珠、穿孔的动物牙齿、蚌珠、蚌环制成的饰物来看，都包含了人为的排列、组合方法。

归纳起来，首饰的起源主要有如下几个方面：审美因素、情感需要、巫术礼仪、避邪、象征、模仿等，当然，有些因素可能是交错出现的，人们佩戴首饰的目的往往是多种因素综合形成的。

在中外漫长的历史发展阶段，首饰的造型、用途、材料等都表现出不同的特点，一方面是阶级社会等级制度的出现，使首饰的佩戴方法有了一定之规，在各种礼仪活动中人们都要依照特定的要求佩戴首饰。如我国唐宋时期，皇后服饰中有白玉双佩、十二钿、大小花十二树等；皇太子妃的首饰中钿钗襢衣，首饰分为九树九钿。按照身份的不同，花钗树钿的多少也不同。以统治阶级为代表的上层人士，其首饰精美华丽、丰富多彩。在欧洲，女式服装中金银首饰的应用更为普遍，上层妇女中形成了以珠宝首饰来显示财富、相互攀比的风气。人们竞相在珠宝首饰上投资，名贵的珍珠宝石镶满项链耳饰。紫晶石、镶金的黑色琥珀、贵重的钻石、红绿宝石等，都是人们追崇的珠宝。贵妇们尽其可能装饰金银珠宝饰品，周身的各色宝石，相互辉映，使其他饰物也显得光彩熠熠，耀眼夺目。

另一方面，社会经济、技术等方面的进步使首饰制作材料、工艺技术等越来越精湛，如我国汉代金属工艺发展迅速，1959 年在湖南长沙出土的东汉前期金首饰中，有数串用金珠串成的项链，其中一串有小金珠 193 颗，中圈的珠粒较大，并以小管压成 1 ～ 5 粒不等的珠联管，饰有 100 余颗模制的八方形珠，下垂一个花穗饰。整串项链均以金珠串成，造型别致，技艺高超，充分体现出汉代工艺技术上的先进及高超精美的工艺水平。隋唐妇女的发髻式样非常丰富，因此在发髻上配有众多的首饰，常见的有梳、篦、簪、钗、步摇、翠翘、珠翠金银宝钿、搔头等，武元衡《赠佳人》有“步摇金翠玉搔头”之说。插戴的钗梳多至十数行，除了金银骨玉的簪钗外，名贵的象牙也被用于制作钿钗。当时，金粒镶嵌工艺从黑海沿岸的希腊传到中国。就是用细小的金颗粒镶嵌在光滑或浮雕金属的表面以形成各种图案的装饰艺术，这种工艺与金丝细工装饰相结合，被广泛应用在唐代的首饰制作中，形成了其独特的风格。

在欧洲，人们对珠宝首饰的喜爱大大刺激了首饰设计和工艺技术的发展，从而推动了珠宝首饰技术的提高和珠宝业的发展。如罗马的玉石凹雕和浮雕闻名于世，镶嵌技术也非常高超，大量的首饰都是以金、银等金属为骨，在其上镶嵌珠宝和雕刻的玉石，并有许多流传至今的作品，其工艺技术展示了最杰出的水平。在整个欧洲服饰历史中，首饰与服装是密不可分的一个整体，无论服装如何变化，首饰总是随之发展变化。对金、银、铜的使用以及对珍珠、宝石的青睐使欧洲首饰业的发展非常迅速，至今已形成了以意大利、法国为中心的珠宝首饰业。20 世纪 30 年代是世界上珠宝业的“黄金时代”，人们开始研究那些突出饰品表面立体感的加工技术及标新立异的饰品设计，首饰的设计多采用装饰艺术手法来表现。60 ～ 70 年代以后，欧洲珠宝首饰业制作面向普通消费者，朴素和低价值及抽象主题的设计层出不穷。珠宝饰品的机械化生产和手工艺生产相结合的方法，受到人们的普遍欢迎。

现代首饰设计的潮流呈多元化发展趋势：

1. 向高档次方向发展

讲究材料质地的纯真豪华及高档珠宝的设计新颖别致，制作工艺繁复精良。在设计风格上，强调多种主题的展现：

（1）以创意新颖取胜，追求构思独特和造型完美，运用常见的高档材料和巧妙的构思来达到新的意境和特殊的效果。

（2）注重古典设计，使传统首饰中美的意境重新焕发出时代的光彩。

（3）融合各民族优秀的传统精华及民族特色，相互启发、相互借鉴，使首饰立足于民族文化的基点上，更具有时代风格。

在这些主题的指导下，又引发出创意创新、独树一帜、讲究自然风情、增强环保意识、浪漫的细部设计等。

2. 向大众化、艺术化方向发展

根据人们的心理、喜好和个性需求，使设计向中低档首饰、仿真首饰的方向发展。以高档首饰的材料、造型为模式，用人工制造的原材料加工成仿珊瑚、宝石、珍珠等饰品材料，外观效果逼真，造型丰富，款式众多。在设计上，仍注重精美的造型和外观效果，工艺制作上讲究细致、精益求精。由于这种首饰款式丰富、美观大方且新潮亮丽，价格比高档首饰便宜得多，因此，备受人们的喜爱。

3. 向整体配套设计方向发展

无论高档首饰还是中低档首饰，最重要的一点是整体性、配套性。设计时以项链、耳环、戒指、手镯等首饰形成一组或一个系列，这样能够衬托出服装设计的整体性。当今服装设计师和首饰设计师联手，创作出众多优秀的服装与首饰作品，都是以其整体性取胜的。从创作内容来看，各种自然形态、抽象形态都能够展示出现代首饰的风采。

4. 更强调向实用性和功能性方向发展

目前世界上流行的、带有实用性的首饰已有不少品种，如磁疗项链、病历项链、放香项链、放大镜项链、照相机戒指、表镯、音乐项链等。今后会更注重对人类有益的功能设计，如具有医疗保健功能、测试环境污染或噪声的功能，方便人们生活、工作活动的功能等首饰，得到人们的信任、喜爱，会更有前途。

5. 制作工艺向高新技术方向发展

高新技术介入现代珠宝首饰制作工艺之中，手工技术与机械化生产相结合。但是，这两方面的工艺独立性是现代首饰设计制作中缺一不可的，因此，尽管现代工业迅猛发展，从艺术性和创造性方面看，独立的手工艺师高超的技艺和高精密度的机械化生产并重，才能使现代首饰更完美地发展。当今社会已进入信息科学时代，电脑已被广泛应用于各行各业，首饰设计的领域也必不可少，首饰的发展必将进入一个崭新的时代。

二、首饰佩戴的艺术

首饰的种类、质地、造型、色彩千差万别，而佩戴首饰的每个人也各有各的特点。同一种首饰佩戴在两个不同的人身上，会产生不同的效果。如何使自己通过佩戴首饰而达到最佳的气质和效果？在不同环境、不同条件下应佩戴什么样的首饰？如何通过首饰的选择使自己更自然、更美丽？除了应对各种首饰有一定的了解外，最重要的是要掌握佩戴艺术中普遍的美学原则。

（一）首饰与服装的搭配

服装和首饰是密不可分的组成部分，单一地追求服装美或首饰美，都会使人感到不完整、不协调，唯有使首饰在款式、色彩上与服装相配，起到点缀的作用，才会使人感到整体和谐之美。

首饰的风格、色彩应与服装相互呼应，首饰的价值、款式也应与服装协调一致。

豪放、粗犷风格的服装，选用首饰的风格也应热情奔放、粗大圆润、光亮鲜艳。

轻松、简洁、面料高档的直线型时装，配上抽象的几何形耳环、项链等首饰，有一种稳重、温柔之感。

带有民族风格的服装，配以银质、贝壳、竹木、陶瓷等首饰，更有一番乡土民风和返璞归真的情趣。

在色彩上，首饰的色彩与服装的色彩可以是同类色相配，也可以是在协调中以小对比点缀，如黄色系列的丝绸服装配以浅紫色首饰；素色的服装配以鲜艳、漂亮、多色的首饰；艳丽的服装配以素色的首饰等。

（二）首饰与仪态、个性的协调

服装与首饰协调是为了更好地进行装扮，以达到美好的形象。一些心理学家经研究认为，人的气质和精神状况，与文化素养、审美水平、衣着装扮都有一定的联系。如穿着大方、优雅，化妆得体，能增强人们的自信心，从而使其更努力地工作与学习。

个人的审美观和欣赏能力对装扮起着决定性的作用，如素养较高、美感较好的人，往往可以把自己装扮得既和谐又有魅力。每个人的长相、体态、性格均不同，如果不能很好地把握自己的特点去装扮，就不会取得很好的效果。

一般来说，体胖、脖短的人不宜佩戴大颗粒的短串珠，以避免看上去脖子更短。瘦高的人宜佩戴相对较短的颈链或多层组合链，使过于突出的脖颈用饰物点缀而得到掩饰。瘦小的人不宜佩戴过分粗大的首饰，佩戴小巧、精致的首饰能够使人产生娇柔、伶俐之感。胸部不丰满的女性不要为了显露项链而穿低领服装，佩戴合适长度的项链能够弥补这一缺点。

（三）不同场合下首饰的佩戴

医护人员接触细菌、病毒的机会多，如长期佩戴戒指，细菌会在戒指下的皮肤上聚集，对自己和患者都有可能造成一定的危害。因此，医务人员至少在上班时不宜佩戴戒指。

如聚会、一般工作、谈生意、约会、面试等场合下的情况下。

在一般情况下，办丧事时不佩戴首饰，或只戴珍珠制成的首饰，如胸针、挂件等，也可佩戴纯金或铂金戒指。在国外，传说珍珠是月亮流下的眼泪，人们看到珍珠就会联想到眼泪，因此，办丧事时佩戴珍珠胸针等一般不受限制。但不可佩戴珍珠项链、耳环、手镯等，其他首饰也尽量不戴。

第二节　首饰分类

一、分类方法

由于首饰的种类繁多，形式各异，导致了划分类别的难度。在此，我们可以对各种首饰加以归类分析，找出较为科学的分类方法。

（一）按制作工艺分类

按首饰的制作工艺分类，有模压首饰、铸造首饰、雕镂首饰、垒丝首饰、镶嵌首饰、镀层首饰、轧光首饰、烧蓝首饰、凿花首饰、焊接首饰、包金首饰、雕漆首饰、注塑首饰、热固首饰、软雕首饰、编结首饰、缝制首饰、刺绣首饰等。

（二）按装饰部位分类

按首饰的装饰部位分类

头饰——簪、钗、笄、梳、篦、头花、发夹、步摇、插花、帽花。

颈饰——项链、项圈。

面饰——钿、靥、花黄、美人贴。

臂饰——臂钏、手镯、手链、手铃、手环、装饰表。

脚饰——脚钏、脚镯、脚链、脚铃、脚花。

鼻饰——鼻塞、鼻栓、鼻环、鼻贴、鼻钮。

胸饰——胸针、胸花、别针、领花。

耳饰——耳环、耳坠、耳花、耳挡。

腰饰——腰带、腰坠、带扣、带钩。

（三）按装饰风格分类

按首饰的装饰风格分类，有古典型首饰、高雅型首饰、概念型首饰、自然型首饰、前卫型首饰、环保型首饰、浪漫型首饰、怀旧型首饰、乡情型首饰、民族型首饰等。

（四）按价值分类

按首饰的价值分类，有名贵首饰、高档首饰、中低档首饰、廉价首饰。

（五）按应用场合分类

按首饰的应用场合分类，有宴会首饰、时装首饰、日常首饰等。

（六）按材料分类

1. 金属类首饰

贵金属首饰——铂金首饰、黄金首饰、包金首饰、双色金首饰、三色金首饰、变色金首饰、白银首饰等。

普通金属首饰——铜首饰、铝首饰、铅首饰、钢首饰、铁首饰等。

特殊金属首饰——稀金首饰、亚金首饰、亚银首饰、烧蓝首饰、轻合金首饰、黑钢首饰、仿金首饰等。

2. 珠宝类首饰

名贵珠宝首饰——钻石首饰、祖母绿首饰、红蓝宝石首饰、猫眼首饰、翡翠首饰、珍珠首饰、欧泊首饰、珊瑚首饰等。

普通珠宝首饰——玉石首饰、水晶首饰、玛瑙首饰、绿松石首饰、青金石首饰、孔雀石首饰、大理石首饰、锆钻首饰等。

3. 雕刻类首饰

雕刻类首饰有牙雕首饰、角雕首饰、骨雕首饰、贝雕首饰、木雕首饰、雕漆首饰等。

4. 陶瓷类首饰

陶瓷类首饰有彩陶首饰、土陶首饰、釉瓷首饰、碎瓷首饰等。

5. 塑料类首饰

塑料类首饰有塑料首饰、软塑首饰、热固首饰、有机玻璃首饰等。

6. 软首饰

软首饰有绳编首饰、绒花首饰、缝制首饰、皮革首饰、刺绣首饰等。

二、常用首饰简介

（一）戒指

戒指是一种戴于手指的装饰品（图 2–1）。在我国历史记载中又称为“指环”“戒止”“代指”“手记”等。出土的新石器时代文物证明，那时我国已有指环存在，作为先民们的一种饰物。也有另一种说法，指环是原始先民们戴在手指上的咒物，随着社会的发展而流传下来，成为一种装饰物。

图 2–1 戒指

在我国，“戒指”一词来源于古代宫廷中后妃们避忌时（妊娠、月事）戴在手指上的一种标记，故定名之。相传在古代也用作男女定情之信物，在《晋书·西戎传》及《宋·五经要义》中都有记载。“戒指”在古代是以骨、石、铜、铁等制作，以后则发展到用金、银、宝石制成。其做工精巧、别致，品种花型颇多，男女皆可佩戴。

外国人使用戒指要追溯到 3000 多年前的古埃及。据传当时古埃及的权贵们将自己的印章作为权力和地位的象征，为了使用方便，把印章佩挂在手上，以后又将印章制成环形套在手指上。由此印章的形式开始分化，一部分发展为今日的印章，而另一部分逐步演变为戒指，成了人们喜爱的装饰品。开始时，戒指造型较为简单，取材单一，佩戴方式也较随便。后来古希腊人在此基础上加以改造，设计出了新的图案，并开始利用黄金和宝石为材料，达到了一定的工艺水平，对佩戴方式也开始讲究起来。现在，戒指除了装饰外，还具有纪念、标记、象征和信物等特定的含义。

戒指的种类很多，款式千姿百态，颜色五光十色，材料包罗万象。订婚戒指是男女订婚时的信物，通常由男方赠送给未婚妻，并戴在左手无名指上。在纯金、纯银的圆环形戒指上镶嵌一颗钻石或其他宝石。结婚戒指是在结婚仪式上由新娘和新郎互赠的纪念性戒指，代表双方即进入共同的简单生活，所以更倾向于选择简单一些的款式，以纯金和纯银制成，几乎不镶嵌任何宝石。戒指的内侧常刻有男女双方名字的缩写和结婚日期。

戒指除了某些象征意义外，所表达的含义也是多方面的。

（1）日常戒指佩戴的含义：

戴于食指——表示大胆、勇敢；

戴于中指——正处于与亲人的离别中；

戴于无名指——与人相爱之中；

戴于小指——给人一种高傲的印象。

（2）订婚或结婚戒指的含义：

戴于食指——表示求婚；

戴于中指——正在恋爱中；

戴于无名指——已订婚或结婚；

戴于小指——表示独身。

大拇指一般不戴戒指。但在清代有男子用的一种扳指，是专门戴在大拇指上的，又称“玉媒”，为拉弓射箭时钩弦所用。以后逐渐转化为装饰品，又称“搬指”“班指”“绑指”，由玉石、象牙等材料制成。

（3）生日宝石戒指又称为诞生石戒指，被视为理想的生日纪念物。在西方国家有着无数关于生日宝石神话般的传说，他们认为宝石具有某种神奇的力量，能给佩戴者带来好运，对不同月份的生日戒指镶嵌何种宝石都有自己的传统习惯。

1 月——戴火红色的石榴石，象征忠实、真诚的友谊。

2 月——戴紫水晶，象征内心的平静。

3 月——戴海蓝宝石，能给人带来勇气。

4 月——戴钻石，表示心境的清纯、洁净。

5 月——戴绿宝石或翡翠，表示能带来幸福和爱情。

6 月——戴珍珠或月亮宝石，表示健康长寿。

7 月——戴红宝石，表示声誉、情爱和威严。

8 月——戴红玛瑙，表示夫妻幸福和睦。

9 月——戴蓝宝石，表示诚实和德高望重。

10 月——戴蛋白石，表示能克服困难，得到幸福。

11 月——戴黄玉，表示能得到友情和爱情。

12 月——戴蓝锆石，表示能带来成功。

另外，戒指的发展，充分显示了其新的实用功能，如保健戒指、校徽戒指、音响戒指等。

戒指手表——戒指内设有微型石英机芯，精确度很高，电池可用 1 ~ 2 年。

保健戒指——外形类似普通戒指，但有测量并显示手指温度的功能，可以帮助人们监测身体状况。

音响戒指——每隔一定时间报时 . 主要目的是提醒患者按时服药，也适合定时交接班、换岗人员使用。

放大镜戒指——一种较特殊的戒指，戒面镶嵌的是放大镜而不是宝石，适合老年人或视力不好的人佩戴。

除此之外，还有熏香戒指、照相机戒指等。

（二）项链

项链是一种佩戴在颈部的装饰物(图 2-2)。项链的起源较早，在原始社会早期就已出现了以石、骨、草籽、动物的齿、贝壳等串成的“原始项链”。那时，除了表示装饰、审美的含义外，还有勇猛、宗教、标记、图腾崇拜等含义。随着生产的发展、社会的进步，所采用的原料也愈加丰富，逐渐形成了今天的完美形式。

图 2–2 项链

1. 多串式项链

多串式项链是由不同等分长短的串珠组成，采用多串式结构。项链的选材多为珍珠、象牙、玛瑙、珊瑚玉等，是一种较为典型的珠宝项链。

2. 颈链

颈链即短项链，是紧贴于颈根部的项链，多采用珍珠、象牙、玛瑙或人造宝石等制作，具有造型精细、雅致美观的特点。

3. 宽宝石项链

宽宝石项链是一种由缎带制作并在上面镶有宝石或其他装饰物的项链，通常佩戴于颈根部。项链上的装饰物一般为天然珍珠、玛瑙、翡翠或人造宝石等，具有柔和、舒适的特点。

4. 垂饰式项链

垂饰式项链是一种法国式含垂饰或其他精致小挂件的项链，可采用金银或丝缎织物制作。垂饰通常由金银、玛瑙、翡翠或人造宝石等制作，其形状各异，有心形、花卉形或几何图形。

5. 夜礼服项链

夜礼服项链是在晚间社交活动或观看戏剧时佩戴的。项链长度为 120 ~ 305cm，多采用珍珠、玛瑙、白玉等制作，具有珠光宝气、华贵富丽的风韵。

6. 日间社交用项链

日间社交用项链是于白天参加招待会、观看戏剧时所佩戴的项链。其长度为 75 ~ 115cm，多选用天然珍珠、珊琐玉、金刚石等材料制作。

7. 双套项链

双套项链是一种在中部打结并形成两个大小不等链圈的项链，一般长度为 75 ~ 90cm、120 ~ 305cm，用多优质珍珠、白玉等制作，具有较强的立体感和艺术性。

8. 项链挂盒

项链挂盒是与项链相配套的贵重金属小盒。项链或挂链通常为直径较细的 18 ~ 24K 金或银质项链，挂盒与链属同一材质，其形状多为心形或其他几何图形，挂盒内可保存袖珍照片等多种微型纪念品，其装饰极为华丽。

另外，还有许多种类的项链，如男性项链、音乐项链等。

男性项链——大致可分为两种类型。以黄金、银、铂金为主的项链较短，粗细均有，价格较高，可常年佩戴，多以护身和祈求吉祥为目的而佩戴；宝石项链，多以橄榄石、鳖甲、玛瑙、黑曜石等为材料，颜色较深暗，珠粒较大，价格也较低廉。

音乐项链——国外研制的这种项链上有一微型音乐盒，它能反映出当地空气污染的情况，当室内有烟味或有害气体时，音乐盒便会播放音乐，提醒人们注意。

病历项链——美国制造的这种项链，其圆柱形挂坠内有一放大镜和一张微缩病历胶片，记载着佩戴人的姓名、年龄、病情等资料，一旦突发疾病，可根据病历资料的记载抢救病人。

磁疗项链——项链中装有磁石，利用磁场对人体组织产生作用的性质可促进人的新陈代谢、血液循环等。

（三）耳环

耳环是一种装饰耳部的饰品（图 2–3）。

图 2–3 耳环

耳环作为一种饰物，在古时多为男、女通用。《诗经》曰：“有斐君子，充耳琇莹。”以后慢慢成为妇女首饰，也有少数男子佩戴耳环。

过去通常是用穿耳法佩戴各种耳饰，现在已发展到无需穿耳眼便可佩戴，如用弹簧夹头或螺旋轧环将耳环固定于耳垂上。

耳环的种类按形状来分主要有两种，一种是纽扣式，一种是耳坠式，每一类又有不同的款式和造型。

纽扣式——有花朵形、钻石形、珠形、圆形、菱形、链条形等，造型较小巧精致。

耳坠式——在耳扣的下面悬挂着各种形状的装饰，如圆环形、椭圆形、心形、梨形、花形、串形等，款式非常丰富。

1. 球形耳环

球形耳环是一种可以用穿耳或夹耳方式将圆球状饰物固定于耳垂上的耳环，常用珍珠、翡翠、玛瑙或宝石等作为制作材料，外形小巧精致。

2. 耳扣

耳扣的外形为半球形，表面呈圆形，常用珍珠、玛瑙、宝石及骨制品制作。

3. 枝形吊灯式耳环

枝形吊灯式耳环是一种垂挂式装饰耳环，因其形状像枝形吊灯而得名。其上常挂有数个纽形垂状饰物，链条用金、银制作，饰物用翡翠、玛瑙、贝壳等制作。

（四）手镯

手镯包括手环、手链，是一种戴在腕部、臂部的装饰品。一般采用金属、骨制品、宝石、塑料及皮革等制成（图 2–4）。

图 2–4 手镯

手镯是我国的一种传统手饰，汉族及众多少数民族中都有佩戴手镯的习俗。国外的许多民族和土著部落的人也非常喜欢这种首饰。在民间，人们认为戴手镯可以使人无病无灾，长命百岁，具有吉祥的含义。

在常见的手镯中，银镯最多，其次是玉石和玛瑙的。纯金的手镯用料多、价格较高，因此在民间比银镯数量少。但金手链或包金、镀金手镯由于价廉物美，深受人们欢迎。现代人更注重首饰的外在审美价值及做工的精致新奇，用现代材料如玻璃、陶瓷、塑料、不锈钢、合金等材料制作的手镯在市场上受到年轻人的欢迎。

手镯根据取材不同可分为以下几种：

金属手镯——由黄金、铂金、亚金、银、铜等制成，有链式、套环式、编结式、连杆式、光杆式、雕刻式、螺旋式、响铃式等。

镶嵌手镯——在金属或非金属的环上镶嵌有钻石、红宝石、蓝宝石、珍珠等。

非金属手镯——由象牙、玛瑙、鳖甲、珐琅、景泰蓝等雕琢而成。

常见手镯有：

无花镯——也称素坯镯，一般为打造银（或金）制成。把银条打成粗细不同的圆条、方条或其他条状，再截断弯曲制成银圈，表面无任何装饰性花纹。

錾花镯——也称雕花镯，在无花镯上用刀雕刻图案，通常以凹陷的细沟纹组成花卉或龙凤图案。

压花镯——用较薄的银片（或金片）压制而成，多为空腔和单面有花纹制品，花纹表面浮雕凸起，立体感强，给人一种厚实凝重的感觉。

镶宝镯——金、银环部分与压花镯或錾花镯的加工方法相同，再焊上各种形状的宝石托，以便镶嵌宝石。

花丝镯——用金丝或银丝编结成各种花色的环带。

五股镯——用五股较粗的金银丝编绞而成，形状和多股铝线相似。

金手链——黄金手链大多是链状形式，做工与黄金项链一样，有松齿链、马鞭链等。

身份手镯——镶着刻有主人姓名、身份的手镯，常用金、银、铜等坚硬材料制成，既有装饰性，又有实用功能。

蛇形手镯——手镯的外形呈盘缠式，戴于上臂部，类似盘绕的蛇形，细长而具有韧性，通常将"蛇头"作为环镯的装饰物。

表镯——是具有显示时间功能的手镯，常采用精致的塑料、象牙、金银或骨制品等制作。其表面与手镯相似，装饰性与实用性相结合，以弥补手表与手镯不能同时佩戴的不足。

防身手镯——用以防身的手镯，其表面与普通手镯相似，但里面藏着薄片型高压电池，若遇坏人侵犯，会立即释放出强大的高压电流，从而使人无法近身。

手镯的戴法因民间传统的习俗和各国传统而异，但也有共同之处。如只戴一个，就应戴在左手上，而不戴在右手上；戴两个手镯时，可每只手戴一个，也可都戴在左手上；戴三个手镯时，都应戴在左手上，不可一手戴一个，另一手戴两个。

若戴手镯又戴戒指，手镯和戒指的式样、质地、颜色要统一。

（五）脚镯、脚花和脚铃

1. 脚镯

脚镯是中外人民非常喜爱的脚上装饰品，多为儿童佩戴。民间许多人给刚出生不久的小孩戴上脚镯，以求小孩免除一切病魔，长命、富贵。

脚镯一般以银为材料，种类较多，有单环式、双环式、系铃式、螺纹式、绳索式、链式等，这种脚镯体轻、洁白、明亮。另外，还有玉、玛瑙、翡翠、珊瑚、鳖甲等制作的脚 镯。

2. 脚花

脚花在国外男、女青年中流行，是一种新颖的挂在袜子上或鞋子上的装饰品。脚花有一种特殊的魅力，使青年人感到豪爽奔放、充满活力。

脚花的造型别致，有浮雕式、壁画式、编织式、模压式等，图案多以山水、动物、人物、花草、树木为主。选材多以金属制作，也可用珐琅、塑料、贝壳、有机玻璃、各种宝石等制作。

脚花多在骑自行车和表演舞蹈时佩戴，在人多拥挤的场合应尽量少戴。

3. 脚铃

脚铃是套在脚上的一种能发出声响的装饰品。它是由银、铜、铝等制成的环和 3 ~ 5 个小铃组成。环多为光杆式、压花式和绳索式，铃多为球形、钟形、桃形等。脚铃一般成双成对地佩戴，多半是孪生姐妹或孪生兄弟佩戴，每人在左脚上各戴一只。在我国，除了少数民族外，很少有成年人佩戴脚铃。

（六）胸针

胸针是人们用来点缀和装饰服装的饰品。胸针的造型精巧别致，有花卉形、动物形和几何形。材料多为金、银、铜以及天然宝石和人造宝石、贝壳、羽毛等。

胸针早在古希腊、古罗马时代就开始使用，那时称为扣衣针或饰针。到了拜占庭时代，出现了各种做工精巧、装饰华丽的金银和宝石饰针，成为现代胸针的原型。

胸针的式样可分为大型和小型两种：大型胸针直径在 5cm 左右，大多有若干大小不等的宝石相配，图案较繁缛，如有一粒大宝石配一系列小宝石的，或用数粒等同大小的宝石组合成几何图形的，均以金属作为托架，结构严谨；小型胸针直径约 2cm，式样丰富，如单粒钻石配小花叶、12 生肖、名刹古寺等。

我国较流行的主要有点翠胸针和花丝胸针。点翠胸针多为花鸟、草虫图案，其叶、花的表面呈现一种鲜艳的蓝色、近松石色。花丝胸针是用微细金、银丝组编制而成，还带有金银丝做的穗，有的还镶嵌各种鲜亮美丽的宝石。

（七）领带夹、领带饰针

1. 领带夹

领带夹是一种用来固定领带下摆的装饰夹，由于脱去西装进行活动时，长长的领带来回摆动，给行动带来不便，所以用领带夹加以固定。同时，领带夹上镶有珍珠或宝石，多为礼服专用，既有实用性，又有装饰性。

2. 领带饰针

领带饰针是一种一端为饰物，另一端为帽盖的短饰针，通常是由一条饰链连接两端。饰针自衬衣内侧固定，从而起到固定领带的作用，饰物通常为宝石或其他贵重材料所制。使用这种饰针时，可以将饰物展现在领带上，领带饰针多用于高雅的西装及礼服上（图 2–5）。

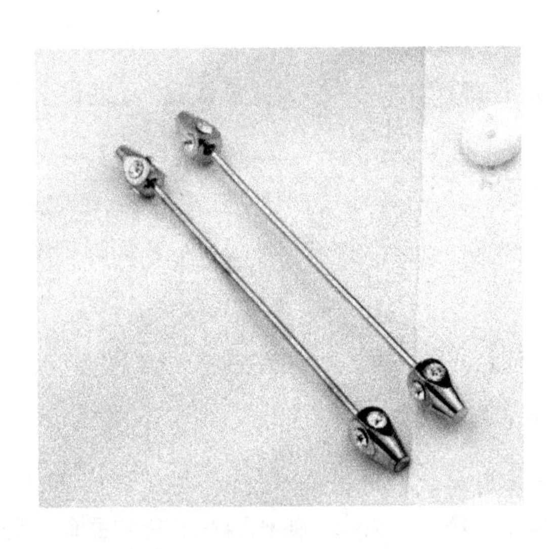

图 2–5 领带饰

第三节 首饰的制作材料

首饰材料的使用与研发是首饰制作行业不断发展与创新的保障。不论是首饰的制作者还是佩戴者，对首饰的材料都十分关注。人们不仅仅讲究材料的价值，更追求其新颖与独特。首饰发展到现在，所用的材料也在不断地发展与创新，出现了除贵重金属以外的各种新型材料，极大地丰富了首饰的式样与风格，也满足了各个层面消费者的消费需求。

首饰材料的演变包含了两个内容：一是对传统材料的创新研究，如各种彩色金的使用，各种有着优良品质的合金的使用等；二是新颖别致的材料的使用，如皮革、纺织材料、各种通过高新技术而获得的人造材料等。

一、贵金属材料

尽管首饰材料的品种非常丰富多彩，但无论在创意性的首饰还是商业性的首饰中，贵金属仍然占有绝对的比例。人们提到首饰，自然会想到黄金、铂金、银等贵重金属。

作为传统的首饰所用的金属，一般必须具备以下几个条件：

（1）金属外观必须美观，不易被酸、碱等化学物质所腐蚀。

（2）金属必须耐用，有一定的硬度，有优良的延展性。

（3）金属必须属于稀少品种，有一定的收藏、保值价值。

当然，凡是满足以上几点要求的金属，都属于贵重金属，是自古以来首饰制作首选的材料。但是随着科学技术的不断发展，由贵重金属与普通金属相混合而产生的合金材料，现已大量使用，繁荣了首饰品的材料市场。

（一）金

金（Au），是珠宝首饰中最常用的金属材料之一，其华贵绚丽的外表以及优秀的金属本性都是提升其价值的原因。金在原始状态时，闪耀着一种独特而绚丽的亮黄色，使人们将黄金与太阳联系起来，赋予了黄金高昂的价值。而且，由于纯金的化学特性十分稳定，不易被腐蚀以及在空气中不易被氧化，这种品质使黄金成为不朽的象征。

1. 金的计算

金的计算分为两个方面，一是重量计算，二是纯度计算。

（1）重量计算：金的重量计算单位有克（g）、盎司（oz）、两（1 两 =50 克）。其中克、盎司是国际通用单位，“两”则是中国传统计量单位。

常衡（Avoirdupois Weight）1 盎司 =28.3495 克

金衡（Troy Weight）1 盎司 =31.1035 克

（2）纯度计算（成色计算）：国际上通用的纯度计算单位为 K，这种计算方法将黄金成色分为 24 份，1 份为 1K。而中国传统计算黄金的成色单位为百分比，如九九金（含金量为 99%）、七五金（含金量为 75%）、五成金（含金量为 50%）。K 与百分比的关系是 24K 为 100%（纯金），但实际上 24K 金的含金量达不到 100%，最高达到 99.99%，所以，国际上将含金量达到 99.99% 的金称为 24K 金。我国传统上将 99.99% 金称为“千足金”（或四九金）和“足金”（或二九金）。当然，由于加工技术及传统习惯的差异，各个地区和国家对纯金的实际含量的标准是不同的。

2. 金的特点

用于首饰制作的金，通常有纯金（24K）和 K 金两种。

（1）24K 金：亦称纯金。其特征是延展性好，含金量高，保值性强，但是由于材料的硬度低不能镶嵌各类宝石，装饰效果有局限性。

（2）K金：加入一定比例的其他金属以增加金的硬度，这种金称为K金。由于加入其他金属的种类及比例不同，K金可分为18K金、14K金、9K金等。

18K金——金75%、银14%、紫铜11%。这种金色泽为青黄色，硬韧适中，有较强的延展性，不易变形、断裂，边材不锋利，十分适宜于各种造型及镶嵌各类宝石，成色较高，保值性与装饰性都较为理想，是生产量最多的一种首饰用金。

14K金——金58.5%、银10%、紫铜31.47%及微量的其他元素。此金色泽暗黄，泛有赤色，与纯金相比偏红，比18K金偏深；质地坚硬，有一定的韧性和弹性，易造型和镶嵌各类宝石，装饰性非常好，价格适中，适合生产装饰性较强的流行性首饰。在国际市场上其销量远远超过18K金与纯金。

9K金——金37.5%、银12%、紫铜50.5%等。此金色泽为紫红色，延展性较差，坚硬易断，适合制作一些造型简单或只镶嵌单粒宝石的首饰，价格便宜，多用于制作低档流行款式及大型奖章、奖牌、表壳等实用型工艺品。在国际上有一定的销量，但在中国还没被大量投放市场。

各类彩色K金——随着科学技术的发展，利用合金成分的比例不同生产出各种不同于传统金黄色的彩色金。彩色金也是一种K金，其标准严格按照K金的标准来评价。这类彩色金呈现出白、浅黄、绿黄、浅红、深红、紫色、蓝色、灰色甚至黑色的各种色调。由于色彩的变化，可利用这些彩色金制作出具有创意及个性化的首饰，这也是贵金属首饰的一种发展趋势。

（二）铂与白色K金

1. 铂（Pt）

铂金的印鉴代号是“Pt”，其含量以千分计算，即“Pt990”为纯铂金（也称足铂金），“Pt850”即铂含量为850‰。其化学性质稳定，不变色，色泽银白优雅，与各类宝石十分协调，可营造出高贵华丽的气氛。铂质软但强度比黄金高，可以较好地将宝石固定在托架上，易于加工处理。

2. 白色K金

白色K金即人们俗称的白金，又称750金，是黄金加上某些合金而成，通常黄金的含量不超过75%。白色K金不能打上“Pt”的标志，一般按黄金的纯度标志印记，如18K的白色K金标记为G750或18K。

（三）银

银（Ag），色泽银白，是所有金属中对白色光线反射最好的。银的延展性强，易于加工，化学性质较稳定，但不如金和铂，尤其容易受到硫化物的腐蚀，表面常常变得灰暗甚至变黑。但是银的色泽漂亮，价格低廉，因此成为首饰中应用最为普遍的材料，并且它能够与金和铜以任何比例形成合金。在各个民族中，银首饰的流传面最广。

1. 纯银

纯银，中国传统称为宝银、纹银，也称足银，是中国旧时的一种标准银，成色为93.54%。由于纯银的质地柔软，只适合做一些简单的首饰。

2. 白银

纯银太软，加入少量的其他金属（一般为铜），可以成为质地较硬的首饰银——白银。白银富于韧性，并保留原来的延展性，而且由于铜的加入，抑制了空气对首饰的氧化作用，所以白银首饰的表面色泽不太容易变色。

现在市场上有两种通用的首饰银：98银、92.5银，前者纯度较高，一般用于制作保值性首饰；92.5银纯度虽然比较低，但硬度及延展性都较好，适合制作有设计感和镶嵌各类宝石的首饰，是目前市场上使用最广的首饰银。

二、普通金属材料

首饰的材料种类非常多，随着科学技术的发展，普通金属材料被大量应用到首饰中。这些材料在现今的市场上扮演着十分重要的角色，在许多有创意的贵金属首饰中也有相当比例的运用，如在一些国际知名的首饰设计大赛中，便可以看到晶莹璀璨的黄金、铂金、钻石与普通的丝带、皮革、钢铁等材料并用的现象。在首饰中加入非贵金属材料，更显示出其独特的设计个性和展现强烈的吸引力。

普通金属主要是指那些仿铂金、黄金、白银等贵金属特性的金属材料。一般来讲，这种金属以铜合金为主，模仿黄金，还有镍合金、铝合金，后两种合金颜色为白色，用来模仿铂金、白银。这些合金中往往还加入锌、镉、铅、锡以及其他一些稀有或稀土元素，根据需要配制成各种合金，如：仿黄金的美国CDA226、CDA61500、日本昭和55—26177等，采用的是铜基合金材料；我国的“稀金”（稀土元素与铜的合金），这些都是仿黄金的金属材料。这些金属有的色泽与抗腐蚀性已经达到略亚于黄金的水平，是制作低价首饰的最佳材料。

三、非金属材料

首饰中非金属材料的种类更加丰富多彩。有的直接来源于自然界，如各种动物的骨骼、牙齿等；各种贝壳；各种竹、木，植物的叶、枝、筋脉等；各种宝石、半宝石以及非宝石级的石材；羽毛、皮革与裘皮等。还有的来自于人造物，如各种塑料、纺织品、玻璃等。

这些材料有的十分珍贵，如象牙、钻石等；也有的十分廉价，如植物枝叶及塑料等，但是如果将之应用得当，将会创造出十分有个性甚至是有市场价值的首饰。由于现在市场对个性化首饰的需求越来越大，非金属材料的运用将越来越多，也越来越被首饰设计师看好。

第四节 首饰的造型及设计要素

一、造型、图案与色彩

首饰艺术的造型美原则，主要是指首饰的形式构成美。

首饰艺术是人类的传统艺术种类，历史悠久，在历代人不断创作的实践中，逐步创造、丰富和发展了首饰艺术中的形式美。它集艺术性、审美性、实用性以及其他多种因素于一体，同时还要依靠精湛的工艺技术才能更好地完成，达到良好的艺术效果。

首饰设计中形式美的构成元素是点、线、面的合理组合以及色彩、质地的合理搭配。由不同材料，不同形状的点、线、面，通过排列、组合、弯曲、切割、编结等方法，产生疏密、松紧、渐变、跳跃、对称、对比等变化，达到造型上的整体性、和谐性和完美性。从造型上看，骨架格式的排列、首饰材料质感和色彩的搭配，局部外形形状的磨制和组合以及首饰外形、角度的设计等，在首饰设计中都是非常重要的。

首饰的造型，首先是依据人体的装饰部位来考虑的，如项链、项圈都是围绕人体颈部进行装饰，它的长度至少能够围绕颈部一周。在此基础上，项链的长度可由设计师根据设计构思来决定。常规的长度在 105 ~ 305cm 之间不等，当然也有更长的设计，使佩戴者能够根据需要临时改变外观效果。项链的宽度设计是设计范围最广的环节，宽可达数十厘米，窄可以毫米计数。根据不同的材料，有链式、珠串式、鞭式、绞式、辫式、整体模压浮雕式、金粒镶嵌等许多造型。又如手镯是依据人体手腕部的特点而设计的，有宽、窄、大、小、开口、合口等区别，但不能超出手腕粗细的范围，太大手镯易脱落，太小则不能套入手腕，一般单圈手镯长度在 20cm ± 2cm 之间。

纵观古今中外的各式首饰，我们可以看出它们大都有一定的造型和图案。

首饰设计的图案来源，一是继承传统首饰中的精华，加以重新塑造，设计出新的纹样来；二是从各民族民间首饰中汲取灵感，将本民族风格与其他民族的风格融合起来而得到崭新的图案形式；三是从姐妹艺术中寻找启示，如绘画、音乐、舞蹈、建筑、陶瓷等，都有值得借鉴的优秀之处；四是从美丽、神奇的大自然中获得图案创作的灵感，它是首饰创作最广阔、最重要的源泉。从自然的山川景色、花草鱼虫到人造的各式风景、幻想出来的理想形象，无一不在首饰中得到表现。人们的社会意识、宗教信仰、风俗民情也对首饰图案的选择和造型产生了一定的影响，现代众多首饰设计师都从民族传统文化中汲取创作灵感，用以表达最新的设计理念。如近年来一些首饰作品体现出了浓郁的民族文化特色，具有独特的艺术效果。

还有许多首饰，讲究几何图案造型，以规则的圆形、方形、曲线交叉组合形成简练的纹样，线条清晰明快，点、线、面组合自然得体，使首饰有稳定、均匀、有比例的美感。

首饰的色彩取决于首饰材料天然的色泽及人工的搭配。金、银的色泽与宝石色的搭配极易和谐；大多数钻石自身虽无色，但却能充分地折射出许多颜色，并且光芒四射；红、蓝宝石纯正耀眼的色彩使人们心旷神怡；珍珠所表现出来的奇妙、神秘、含蓄的色彩使众人入迷。所有的首饰都以奇幻美丽的色彩来打动人心。

首饰的色彩设计和搭配，讲究和谐完美、典雅高贵。常有数种搭配与设计方式：一是充分利用单一首饰材料的自身色彩和光泽，往往能够达到浑然天成、自然高雅的效果。这种方式运用较为广泛，如金项链、银手镯、水晶饰品等。以珍珠为例，珍珠本身具有柔和雅洁的珍珠光泽和色彩，有乳白色、银白色、粉红色、浅茶色、褐色、黑色、蓝色、青铜色、铅灰色等数十种之多。在设计珍珠首饰时，一般以同色珍珠相串，或单串、或多串组合，使珍珠首饰看上去柔和美观。二是利用同一材料的不同色彩作搭配设计，如前面所说的珍珠首饰，可以将不同色彩的两种珍珠相间排列或分组排列，形成双色组合首饰，但所用材料仍为一种，使其看上去富有变化，更有生气。这种设计形式很多，如项链中茶晶与白晶搭配、黄金与铂金搭配等。三是利用不同材料不同色彩的搭配，这也是首饰设计中应用广泛且最有前途的设计方式。比较常见的设计，如金银与珠宝结合、合金与纺织品或皮革相配、竹木类与合金结合等，如彩色钻石镶嵌于铂金之上、在黄金首饰上镶嵌金绿玉猫眼石、黑色丝绒上点缀颗颗闪亮的银钉或五彩石、银白色的首饰上饰满黄色的琥珀……每一种设计都充满丰富的色彩意境，使首饰显得神秘、纯真和美丽。

二、金银珠宝首饰设计

利用贵重的黄金、铂金、K 金、白银、色银以及色彩晶莹闪烁的名贵珠宝来设计首饰时，由于原料贵重稀少，因此设计时应注重选料、搭配及组合时所产生的美感。

（一）金银首饰

黄金用来制作首饰有其独特的效果。黄金的色彩呈均匀光泽的黄色，纯金的纯度达到 99.99%，适合制作各种首饰，并可以设计出许多美丽的自然图案与抽象图案等。但黄金质地柔软易变形，不能镶嵌精美的宝石，所以款式不易翻新。一般黄金饰品的造型有链状结构，如水波链、马鞭链、方丝链、花丝链、双套链、机制链、松齿链、串丝链等。进行设计时，可以打破传统的链状形式，给金银首饰的造型注入一些新的构思，如流线型、镶拼型、组合型等。

环状结构多用于戒指和手镯的设计之中，如有圆环形（有开口与合口之分）、螺旋形、双环形、多环形等。设计时，应注意圆环的造型变化，如宽圆环中图案的设计；镶嵌珠宝的位置和色彩；金丝盘绕编结的形式等（图 2–6）。

图 2–6 蒂芙尼手镯

球形结构以耳环、胸饰和发饰为主，常有半球形、扣形、椭圆形、不规则球形等。设计时要把握好主题。由于这类首饰外形尺寸较小，多以点缀形式出现，因此，线条要圆润、光洁、精致，但不要太复杂（图 2–7）。

图 2–7 球形结构耳饰

特殊造型多指象形造型，以各种图案为主题，各类首饰均有此设计，是应用最广泛的方法之一。设计时，要注意形象的完美，点、线、面的组合适当，大、小、粗、细、疏、密的合理安排等因素。

（二）珠宝首饰

珍珠、宝石的首饰设计要充分运用各种珠宝的天然色彩和光泽的条件，因为珍珠、宝石自身的美感是许多人造物难以达到的。虽然现代技术足以造出以假乱真的仿制品，但仍存在不同程度的缺憾。珠宝首饰强调色彩的合理搭配以及珠粒的形状、大小有规律的组合。

珠宝首饰的设计，首先涉及宝石的切割研磨。以钻石为例，钻石的基本结晶形态为八面体，是宝石中最完美的结晶形态。但在自然形成过程中，它受到种种因素的影响，所呈现出的外观是不规则的，并且含有多种杂质和内部瑕疵，需要经过筛选、设计、切割后，才能得到完美无缺的部分，并且应具有美丽的外形，既完美又合理的设计是最大限度地保留钻石体积、删除所有杂质裂隙，又能使钻石的光泽、色散、闪光和光辉达到最好的效果，得到最完全的发挥。1919 年美国的宝石切割设计师马塞·陶可斯基（Marcel Tolkowsky）对圆形钻石的角度做了最好的调整，使钻石的光泽得到最好的发挥，称为理想式切磨。

珠宝材料，大都镶嵌于 K 金或铂金的基座之上，因此应进行设计创作，使本身就光彩迷人的宝石更加完美。K 金材料在珠宝设计创作时更易于变化处理，因 K 金本身是由黄金加一定比例的银、铜、锌等金属来加强黄金的强度与韧性，能够镶制各种精美的宝石，因此在国际首饰界中，这类首饰是最受欢迎且最具有市场的。K 金首饰的设计牵涉到 K 金 K 数的选择及宝石的选择、搭配两个方面。一般来说，设计师选择宝石后要先鉴定，了解其折光度、切工、硬度、比重后再动手设计。同时，还要考虑到艺术性及消费者的喜爱。珠宝与 K 金的组合因设计风格的不同而体现出不同的效果，如较为古典的设计，应考虑其精致、典雅的美感；较为现代的设计，则要强调线条的流畅挺拔和宝石切削的线条感。

三、综合材料首饰设计

现代首饰设计除了贵金属及珠宝类材料之外，还大量地应用合金、塑料、有机玻璃、纺织纤维、陶瓷、蚌、皮革、石头、竹木、纸张等。众多材料的开发和利用，使首饰设计的创作思路更为活跃，具有更广阔的创作空间和发展潜力。不同的材料本身具有不同的肌理特征、色彩、纹理和独特的外观造型。利用这些材料特殊的肌理结构和外观特点进行综合设计，能够使现代首饰呈现出更加多样化的艺术风格，表现出自然、返璞归真和环保的理念。

对材料外观特点的处理和有效运用，能使首饰呈现出全新的形象，突出其软与硬、柔与刚及色彩之间的对比和统一、协调等特点。如将纸张层层贴合、折叠、揉皱、撕扯、燃烧后进行塑造，使纸张独特的肌理最充分地展现出来，得到别的材料无法与之相比的美感。又如经揉捏、雕刻、烧焙的陶制首饰，经纵横交错、编结缠绕的纤维首饰，经扭曲、盘绕、熔烧的轻金属首饰以及各种材料相互组合的首饰，都具有各自完美独特的艺术表现力。

第五节　首饰的制作工艺

在几千年的发展过程中，世界各国、各民族通过其世代珠宝匠的不断探索及研究，创造出丰富多彩的具有本民族特色的首饰加工技术，为人类珠宝首饰的发展做出了巨大的贡献。珠宝首饰可以说是一种综合性的工艺，它包括金属锻造、珠宝镶嵌、点翠、烧蓝等。下面简单介绍首饰制作的一些主要工艺、主要工具和设备以及一些简单的制作方法，让大家对珠宝首饰的制作有一个大致的了解。

一、首饰的基本部件

首饰的种类繁多，但从材料上可划分为嵌宝首饰和不嵌宝首饰两大类。

将嵌宝首饰分解后可以看到，一般部件有齿口、坯身、披花、功能装置四种。

齿口——这是指固定宝石的部分，它除了有固定宝石的作用外，有些齿口还带有一定的装饰性，如梅花齿口、菊爪齿口等均能体现出齿口的装饰美。齿口的式样很多，有锉齿齿口、焊齿齿口、包边齿口、包角齿口、挤珠齿口、轨道齿口等，根据不同宝石、不同形状和设计的要求，合理选择不同式样的齿口是保证首饰质量与美观的重要前提。

坯身——这是指首饰的大身部分，也可以说是首饰的骨架。齿口、披花、功能装置都附设在坯身上。坯身的款式范围很广，除因首饰种类不同造成坯身不同以外，即使是同类品种的坯身也是千变万化。在确定宝石和款式的前提下，选择不同式样的坯身，目的是承受齿口和披花的需要。

披花——这是指环绕齿口和坯身之间的连接花片，具有强烈的装饰性。披花是根据宝石的大小和设计意图，由一种或多种花片、丝、珠等组成图案，一般点缀在宝石周围。披花分为传统披花和几何披花两类。各类不同的披花形成风格各异的装饰部件，目的是突出宝石的前提下，增加首饰的装饰美。

功能装置——这是指首饰在使用时具有一定功能的部分，如项链的扣、胸针的别针等。这些功能部件除了要求精巧外，功能性要求较高，否则首饰在佩戴时容易脱落。

二、制作首饰常用的工具与设备

首饰制作需要依靠一些基本的手工工具和机械设备。手工工具十分重要，即使是在当今机械制作很普遍的情况下，也仍然起着重要的作用。

（一）常用工具

常用工具种类丰富，但归纳起来有以下主要工具：

模具——又称花模，是在钢板上刻制出各种花纹、字样、线、点、凹凸等造型的模具。金银材料在模具中经过压力机的冲压，即可获得各种造型图案的配件。首饰除了用机器冲压以外，还可以用手工敲打成型。

焊具—由脚踏鼓风机（俗称皮老虎）、汽油罐、焊枪、皮管组成，用来焊接金属和使金属退火的。

在使用焊枪时，一定要注意掌握火力的大小、聚散、时间、焊点，并要注意安全。

锉——在整理工件的外形及表面时所用的锉刀，是首饰加工中最重要的工具，也是最重要的基本功。锉刀有不同的规格和形状。以其断面的形态来分，锉刀有板锉、半圆锉、三角锉等。锉刀的锉纹根据粗细可分为粗纹、中纹、小纹、油纹，粗纹用来整理外形轮廓，中纹、小纹用于整理细节，油纹用来整表面。

锯——使用锯弓在工件上锯出狭缝、圆洞，或所需要的内、外轮廓的工具。

錾子一修整首饰表面和首饰表面装饰处理的工具，其重点是后者。錾子头上有各种花纹，可以直接在金属表面敲打出花纹。

其他——锤、钳、镊子、刮刀、牙刀、剪、铁礅、戒指槽、球形槽、戒指棍、线规、尺等。

（二）常用设备

首饰制作的设备很多，有熔炼设备、轧片拉丝设备、蛇皮钻、批花机、链条机、浇铸设备、抛光机等。

三、基本制作工序

首饰的制作工序根据首饰的款式及设计要求的不同而繁简不一，这里简单介绍以下基本方法。

首饰制作的前道工序主要指熔炼、轧片、拉丝。

熔炼——开采出来的矿金、沙金都是生金，需要经过熔炼、提纯后，再制成丝、条、片、板等，或根据需要加入其他金属制成各种成色的K金材料，才可以进行加工。一般用电阻炉、高频或中频感应炉，或者用煤气炉燃烧加热。所用的坩埚除生产上常用的石墨黏土坩埚外，还可以用氧化铝坩埚。铸模一般用铁铸模、铜铸模以及石墨模。

轧片、拉丝——这道工序是首饰生产、制作不可或缺的前道工序。正确掌握此道工序的要领是提高效益、降低损耗的重要途径。

经过以上前道加工工序后，就可以进行正式加工。加工时，可根据设计需要选择焊接、锯、锉、錾、敲打、抛光等工序，每道工序都有其严格的要求，如果其中一道工序失败，就会导致整个加工的失败。因此严格按照加工工序，认真做好每道工序，是保证质量、提高效率的基本前提。

第三章 包袋

第一节 包袋概述

一、包袋的演变

原始人类在与自然的斗争中不断发展，通过不断地提高生产力、改进使用工具以满足人们的各种需要。在狩猎、耕种、采集等劳动中，需要将物品集中携带，因此产生了能够满足这种要求的包、袋，以便携带物品。与当时的服装发展一样，包袋的制作主要利用天然的兽皮，用磨制锐利的骨角进行切割，再用筋或皮条连缀而成。骨针的出现，使包袋的缝制更为精致。

人类不像袋鼠那样生下来就有育儿袋，要收集、盛放东西就必须学会用其他材料制作包袋。在服装史中，包袋有许多不同的名称，如包、背袋、锦囊、包裹、兜、褡裢、荷包等数百种。古汉字中的“包”字、“囊”字，从它们的形状看，都有一个半封闭或全封闭的外形，中间放置着一些东西，口上还用绳索束扎起来，极为形象。更有趣的是“兜”字，从字形上看如同现在的双肩背包。

在服饰史中，包袋主要以两种形式并列发展，其中一种是随身携带的小巧型袋式，是与服装相结合而发展起来的。这种形式还有两个分支，即衣袋与手袋，衣袋发展至今已成为服装中的所属部分，此处不予展开讨论；另一种是携带、存放物体所用的较大的袋式，发展为各种包和袋。在很多情况下，这两种袋式相互依赖、相互借鉴，有着紧密的联系。

包袋制品产生于有文字记载之前，由于年代久远，实物不易保存，因此所见包袋实物甚少。在新疆民丰发掘的东汉墓中，已有较为完整的褡裢布、棉口袋等实物保存下来，反映出我国西域服装与饰物的发展情况。汉代的官职有佩印绶之制，佩绶时可垂于衣侧，也可用鞶囊盛之。鞶囊用金银钩钩于革带之上，所以称之为绶囊或旁囊，当时人们在囊上绣以虎头纹样，故又叫作虎头绶囊。

又如在南朝的官服上有饰“紫荷”的特殊形式。《晋志》中曰：“八座尚书荷紫，以生紫为夹囊，缀于服外、加于右肩。”也就是说在肩上缀一只紫荷，以待备忘或录事之用，作为奏章等物的贮囊，有衣袋之功用，同时又有装饰的作用。唐朝服制中，官员们必佩戴鱼符袋，即袋中装半个鱼符，办公事时取出与宫廷中另半个鱼符相对，合符后方能入宫。鱼符袋成为当时官员们身份、地位的象征之物。

金代的士庶男服中，由于盛行马上作战射猎，男子们多佩豹皮弓旗，以豹皮制之，专放弓箭之物。大定十六年有吏员悬挂书袋的制度。书袋是一种用紫亡丝、黑皮、黄皮制成的袋子，各长七寸、宽二寸、厚半寸，悬于束带，常用于便服之上。

明代官服中，朝服上有佩玉之习俗，有时因升殿时官员佩玉与侍臣之佩相钩缠，一时不易解开，所以在嘉靖时就加一佩袋将其盛在里面。清代朝服规定在腰带之上必佩荷包。关于荷包的用途有几种说法，一是贮存食物为途中充饥；二是内贮毒药以备出事时可服之以殉，以后慢慢演变成装饰物。

在西方服饰史料中，我们也可以零散地搜集到包袋的形成、变化和用途的资料。

图 3-1 所示是公元 12 世纪英国农家女子摘苹果对的装束。妇人身穿紧身衣裙，腰上系了三四个口袋，手中还拿了一个口袋，全都装满了苹果。从图中可以看出口袋的造型比较简练，没有什么装饰，用亚麻布或其他纺织品制成。这种口袋在英国乡村中使用非常普遍。

图 3-1 公元 12 世纪英国农家女摘苹果的装束

15 世纪后期，西方男式服装中有一必备之物是一个精致的小荷包袋，每个男士都以有这种新的服饰品为荣。尤其是到了 16 世纪，小荷包成为人们追求虚荣和满足自己心愿的饰物，以致小荷包越做越大，直到 20 世纪 70 年代这种装饰才慢慢消失。

包袋发展的另一方面体现于独立的外观造型及变化上。从最早的包袱、口袋、囊、褡裢、背包到现在常用的手提包、公文包、书包、钱包等，已形成一个专门的体系。从实用功能到装饰美化功能都有更完美的表现和内容。

二、包袋的实用性与审美性

包袋的产生是以实用为主要目的，它主要解决人们收集、携带、保存物品的需要。在长期的发展演变中，包袋又被赋予了审美因素，随着材料不断地被扩大应用，技术不断地改进和完善以及人们永不满足于已有的状况，人们将包袋的造型、色彩加以变化，在装饰方法上寻找出路，使包袋饰品在实用的基础上更为美观、更引人注目。

另外，由于包袋饰品的种类非常多，根据不同的功能，它们的审美要求也不一样。如以收集、存放物品为主要目的的包袋，其实用性一般要大于装饰性，多考虑大小、牢度、厚度、防蛀、防腐等较为实用的因素；外出旅行所用的包袋，除了装饰性、美观性外，还要考虑其便携性、大容量、多功能、牢固、质轻等因素；学生书包类包袋，要从科学性、健康性的角度出发，轻便、多层次，当然还要有装饰性。又如女式小提包多以装饰为目的，其功能性远远不如审美性那么重要，主要放些零钞、香水、手帕等小物品，但其外观的装饰引人入胜、变化万千。

当今，世界上流行的各式包袋中，名牌效应也有效地融入实用和审美的观念之中。由于著名品牌的包袋美观大方、质量优良、讲究信誉以及高昂的价格，如同给它贴上了一个特殊的“标签”，讲究风度、派头的人尤其钟情于这种“标签”，因为它体现了美感和价值的综合因素。

三、包袋与服装的关系

与服装搭配的各类包袋，由于种类多、用途广，使用环境也不一样，应就具体因素来考虑，但要遵循一些审美原则。

如在色彩关系上要协调美观。对服装而言，包装设计以同类色、点缀色为主，若选用对比的色彩，则应考虑与周围的环境、气氛是否协调。

包袋的款式应与场合、环境协调。如在公司上班，大家的穿着都较正规、严肃，此时提着公文包或办公书包比较自然，若在这种场合提着牛仔包或饰满珠片的宴会小包，自然会使人感到不太自在。又如在外出旅游时，人们的穿着较为自然、轻松，与之相配的旅行包、小筒包或小手提袋自然得体。女士们参加朋友聚会、生日晚会等活动时，所穿着的服装应高雅别致、得体大方，款式众多的宴会小包是这种环境的最佳选择。

另外，还要注意包袋的款式、色彩、质地与其他饰物的协调关系。如与帽、鞋、首饰等饰物不要产生太大的反差，而应注重整体的效果。

四、包袋的种类

（一）分类方法

包袋的种类很多，根据不同的要求，分类的方法也不同，如可以按用途分类、按所用材料分类、按装饰制作方法分类、按外形分类等。

1. 按具体用途分类

有 公文包、电脑包、学生书包、旅游包、化妆包、摄影包、钱包等。

2. 按所用材料分类

有皮包、尼龙包、布包、塑料包、草编包等。

3. 按外观形状分类

有筒形包、小方包、三角包、罐罐包等。

4. 按装饰制作方法分类

有拼缀包、镶皮包、珠饰包、编结包、压花包、雕花包等。

5. 按年龄性别分类

有绅士包、坤包、淑女包、祖母提袋、儿童包等。

（二）常用包袋简介

1. 电脑包

电脑包一般由皮革、合成革和牛津布等材料制成，外形比较平整，造型简洁，有提手和背带，有的包内设数个夹层、固定带和小口袋。

2. 书包

书包一般由帆布、皮革、尼龙布、牛津布等材料制成，款式多样，有双肩背式、手提式等，色彩鲜艳、图案美观大方，主要供学生使用。

3. 公事包

公事包外形较扁平，厚度方面具有伸缩性，一般以皮革制成，有提手、内有夹层、外观为有盖式结构并加锁襻。

4. 牛仔休闲包

牛仔休闲包外形变化丰富，面料为各类牛仔布、软皮革或牛津布等，有大小多个口袋和拉链，有单肩、双肩背带，一般为外出旅游时用。

5. 宴会包

宴会包是一种装饰性很强的女式小提包，多用漂亮的布料、软皮革、金属等制作，并装饰珠子、亮片或加以刺绣、镂花，有手提式与夹于腋下式，主要在女士社交活动时作为装饰之用。

6. 手提包

手提包也称手提袋，外形变化丰富，多由皮革、纺织品等材料制成，有装饰物件和提手，在许多场合都可使用，流行甚广。

7. 沙滩包

沙滩包又称海滩提袋，指在海滩使用的用来装游泳衣、毛巾等物品的提袋，其外形方正，体积较大，有肩带。1978 年春夏出现用透明塑料制作的沙滩包，现多用花色棉布、细帆布和软皮革制作，在郊游时亦可使用。

8. 祖母提袋

“祖母提袋”为法国的服饰用语，原指老太太常使用的编织手提袋，多有木制提手，用布料做成。

9. 行李袋

行李袋用帆布、尼龙布制成，原为美国士兵、水手存放个人用品的手提袋，后经变化成为海滨旅行袋，其实用、轻便、容量大。

10. 军用提袋

军用提袋经意大利著名设计师阿玛尼重新设计后推出，以硬牛皮等材料制成。

11. 化妆盒和化妆包

（1）化妆盒：用金属制成的小盒，常采用比较昂贵的金属制作。盒面镶有宝石，是女士存放化妆用品及小物件的精致小盒。

（2）化妆包：用柔软的布料制成，常有花边、缎带装饰，是年轻女性喜爱的包袋。

12. 零钱皮夹

零钱皮夹是一种女式钱包，有夹层，开口处有金属轧条或拉链。

13. 腰包

腰包有腰带以固定于腰间，用软皮革、布料或编结物制作，可放置钱、钥匙、身份证、信用卡等物。

第二节　包袋的造型及设计要素

一、包袋设计的主题确立

设计包袋之前，首先要将装饰性与实用性相结合，不能仅仅为了设计一个美丽的皮包而不考虑其用途，否则就不可能设计出完美的作品。

主题的确立借助于形式美感，设计一个有个性、有特点的包，需要具备一定的造型能力、艺术修养以及其他方面的知识。而设计主题的确立，也许来源于艺术方面的启示，也许是某种契机使设计师产生突发的灵感，也许是日思夜虑所得，总之造型的设计无可限囿，是靠不断积累、不断创造、不断研究才能够取得的。

（一）以包袋的外形设立主题

通常以方形、长方形为包袋的基本形，可将此夸张、展开进行设计。

几何形主题，有方形、圆形、方圆结合形、不规则图形、弧形、半圆形、扇形等主题。

具象主题，如动、植物的仿生形象，花卉、鱼形、蝶形、各种动物等主题。

自然主题，有山川日月、自然景观等主题。

（二）以包袋的表面装饰设立主题

以包袋表面装饰设立主题也就是强调包袋表面的具体装饰，如用拼色、图案、镶珠、立体盘花等手法来表现。

二、包袋的选材

制作包袋的材料类型较多，有：各种动物皮草、人造皮革；各种布料，如帆布、细棉布、丝绸、尼龙、呢绒、针织品等；各种塑料布；麦秆、草秸；各类绳线，如麻绳、草绳、尼龙绳、棉线绳、毛线、丝线、尼龙丝、铁丝等，以及其他可用的材料。

三、包袋的设计要素

包袋的设计不能脱离包袋与服装的关系。不同款式、风格、色彩的服装要搭配不同的包袋，所以包袋应该与服装相协调。包袋具有实用性和装饰性的功能，因此设计包袋时还要注意不能只注重美观，而忽略了实用。

设计包袋必须要了解包袋的结构，通常包袋由包盖、包面、包底和里面的贴袋组成。在设计时要注意这几部分的形状、比例、大小的关系，其中形状的变化决定了包袋的造型，比例的变化决定了包袋的外观是否美观舒适，大小的变化决定了包袋的尺寸。不同的材料也会不同程度地影响包袋的造型和最终效果。比如塑料材质做出的包袋，外观透明亮丽，时尚新颖，为很多年轻女性所喜欢；而真皮做出的包袋高档、结实、耐用，是很多爱美人士的首选材质。色彩的变化对于包袋的影响也是很大的，往往是典雅清新的色彩能引起人们的购买欲望。所以结构、材料和色彩是包袋设计的主要元素。

（一）包袋的结构要素

包盖、包面和包底以及里面的贴袋是包袋的基本结构，不同的结构变化决定了包最终的造型，包袋的造型反过来也会影响包袋的结构。包袋的结构包括有规则形和无规则形，有规则形主要是方形（图 3–2）、圆形、筒形等；无规则形主要有几何形、扇形、弧形等（图 3–3）。另外惟妙惟肖的仿生造型也是现代包袋设计中的特色（图 3–4）。

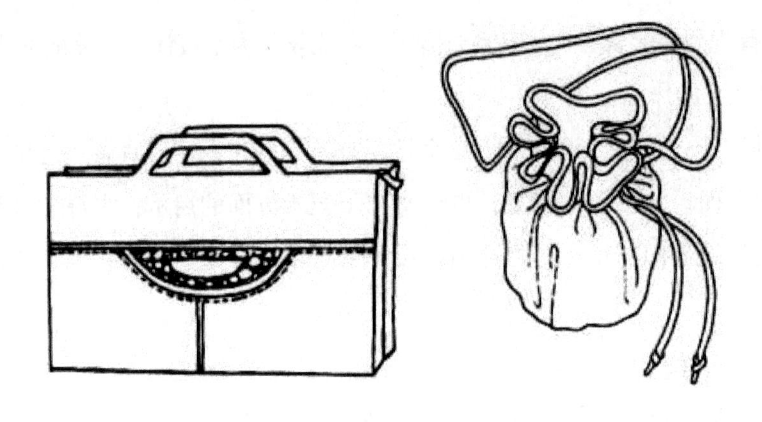

图 3–2 长方形的规则包　　　　图 3–3 无规则形背包

图 3–4 仿生卡通包

规则形的包袋在设计时其结构变化也是规则的，比较容易把握；而无规则形的包袋其结构的变化要顺应其外形的变化，这种包袋在创意包袋中运用较多；仿生造型的包袋一般在外部结构上变化较大，其内部结构可以根据设计要求而决定是简单还是复杂。

（二）包袋的材料要素

各种不同的材质具有不同的手感和视觉效果。真皮和皮革是包袋中运用较多的材质，其中硬皮和软皮的感觉不同，制作包袋时也有不同的分工（图 3–5、图 3–6）。硬皮在男士包袋中运用较多，公文包、男士手提箱、男士挎包等都可以运用粗犷厚实的皮料，能彰显男士豪爽英勇的气质；柔软细腻的软皮或皮革因其质地更能体现女性温柔体贴的性格，所以比较适合制作造型别致的女士包袋。

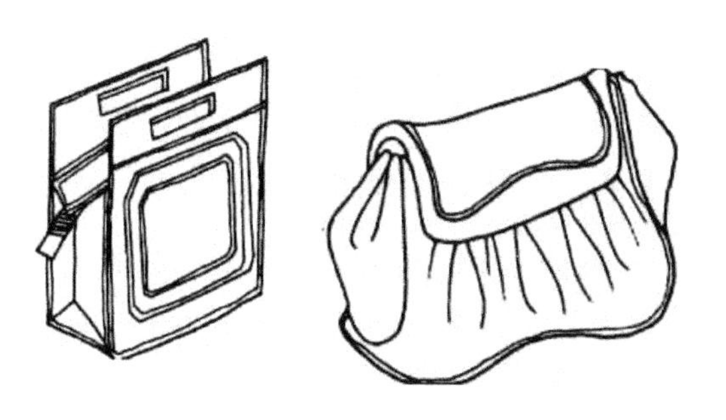

图 3-5 硬皮包　　　　图 3-6 软皮包

现代很多编结包袋运用的材质已经不仅仅局限在玉米皮、麦秸秆等上面，甚至一些出口的编结包中运用玻璃丝或者塑料纤维绳等做材质，经染整处理后色彩丰富，搭配变化多样的编结手法制作出来的包袋色彩亮丽、造型新颖，为很多中外人士所喜欢。有的包袋还运用编结和皮料相结合的手法，做到粗中有细、刚中带柔。也有中国结和串珠相结合的包袋，其效果具有浓厚的中国传统风格，古典与现代相融，不失为一种古为今用的结合手法（图 3-7、图 3-8）。

图 3-7 编结包袋

图 3-8 编结拎包

布包的设计和运用体现了质朴自然的感觉。尤其在夏季，设计独特的布质包袋为很多年轻人所青睐。花布制作的包袋纯朴可爱、牛仔布制作的包袋大气粗犷。为了加强包袋的特殊效果，可以采用布料和针织质地相结合、布料和皮质相结合、布料上镶嵌珠饰等效果，使布制包袋变化丰富，效果突出（图 3-9）。

图 3-9 布背包

（三）包袋的色彩要素

无论对服装还是对包袋，色彩效果均非常重要。包袋的色彩分为三大类：一是灰暗的色调，二是中性色调，三是对比强烈、鲜艳明快的色调。

包袋的色彩要和包袋的质地相配合运用，皮质包袋的色彩比较沉稳低调，编结包袋的色彩既有明度高的色调也有明度低的色调，布制包袋的色彩根据面料的选择有蜡染、扎染的效果，也有蓝印花布的纯朴感觉，更有小碎花布的田园风格。所以色彩不同会产生不同的感觉，每种色彩的搭配皆有规律可循，掌握色彩的调和与对比规律，对包袋色彩的设计能起到指导作用。

单色包袋的色彩可以根据流行色、主题色来确定；同一色调的包袋可以在一个色系中进行明暗的对比处理，以大面积的暗色来对比小面积的亮色或者以大面积的亮色来对比小面积的暗色都可以；对比色调的包袋可以是互补色、对比色运用产生强对比，或者是邻近色运用产生弱对比。

四、包袋的设计

包袋的设计包含两方面内容：一是根据服饰的要求进行整体设计构思，二是独立地进行设计构思。

（一）针对具体服装、持袋人进行设计

应针对具体的服装和持袋人进行设计构思，如旅游服、登山服等运动类型服装，往往需要与之配套的包袋制品，以便在外出时可以装备所需物品。针对旅游服，除了设计相应的背包、手提袋外，还可设计肩背式网球拍袋、相机挎包、可当小凳子的多用袋等，面料多用轻便、牢固的牛津布、细帆布等，色彩宜鲜艳、明快、醒目，与服装协调。

如果是参加朋友的聚会和晚宴，与礼服相配的坤包设计首先应从小巧精致出发，选择中、高档的面料，如以小牛皮、绒面皮、蛇皮、PU 革或绒面串珠为主。宴会包大小以能够装手帕、简单的化妆品为宜，色彩要高雅、洁净，与服装一致。

（二）独立地进行设计构思

独立地进行设计构思是抛开具体的服装款式和人为因素，而根据用途、材料、流行思潮等因素来设计各种形式的包袋。

1. 利用面料特征

各种不同的面料所体现出的视觉效果和手感是不一样的，如皮革材料分软皮和硬皮。硬皮用于公文包、男式提箱包的设计上，能够体现出粗犷的直线条；经柔软处理后的软皮材料，可以折叠，可以皱褶，是坤包设计中常用的材料。

麦秸秆、玉米皮等植物纤维经处理后编结的包袋，可以充分利用材料的自然色彩和柔韧性，设计出各种适合的图案，进行编结缝制。

用不同质地的面料镶拼也可以达到特殊的效果。如呢料与皮革镶拼、棉布与皮革镶拼、金属条与合成革镶拼、布料上嵌珠饰等方法。

2. 包袋的色彩设计

包袋的色彩设计分为三大类：

（1）浅淡、灰暗的色调；

（2）中性色调；

（3）鲜艳明快、对比强烈的色调。

基于这三大类色调，又能派生出许多配色方法。

3. 利用面料本身的颜色和图案进行搭配

如果面料本身已印有很艳丽的图案色彩，而又符合设计意图，可利用其进行配色。一是整体色均用花色面料搭配；二是以花色为主，配以黑色、白色或其他相应的颜色；三是以某一单色为主调，点缀花色面料。

4. 利用单色面料进行色与色之同的相互搭配

如大色块镶拼，小色块镶拼，以小色块点缀大色块等；也可以是对比色镶拼，同类色镶拼，本色嵌条镶拼等方式。

在设计时还要进行包袋的外部装饰处理，如刺绣、贴花、珠绣、盘花、镶嵌、印制图案、拼色、雕花、镂空花、编结图案等。

附件设计包括包扣、襻、纽、环、搭扣、锁、标牌、挂钩、提手、包带等物品。

在设计时，装饰与附件都应考虑到整体效果，要统一在整体之中。

第三节　包袋的制作工艺

一、儿童卡通包

儿童所用包袋的特点为造型简洁，形象生动，色彩明快，富有童趣。包袋的造型以立体、拼色为主。外形为动物形象的包袋要注意不要有过多的棱角，在包袋上拼贴的图案要简练、美观，符合儿童的欣赏趣味。

儿童包袋的用料选用细棉布、绒布或长毛绒布等，内衬薄层海绵或腈纶棉。有时需在包袋的表面做衍缝处理，使包袋显得更为立体、厚实、可爱。

1. 动物形包袋的制作

动物形包袋的制做方法如图 3-10 所示。

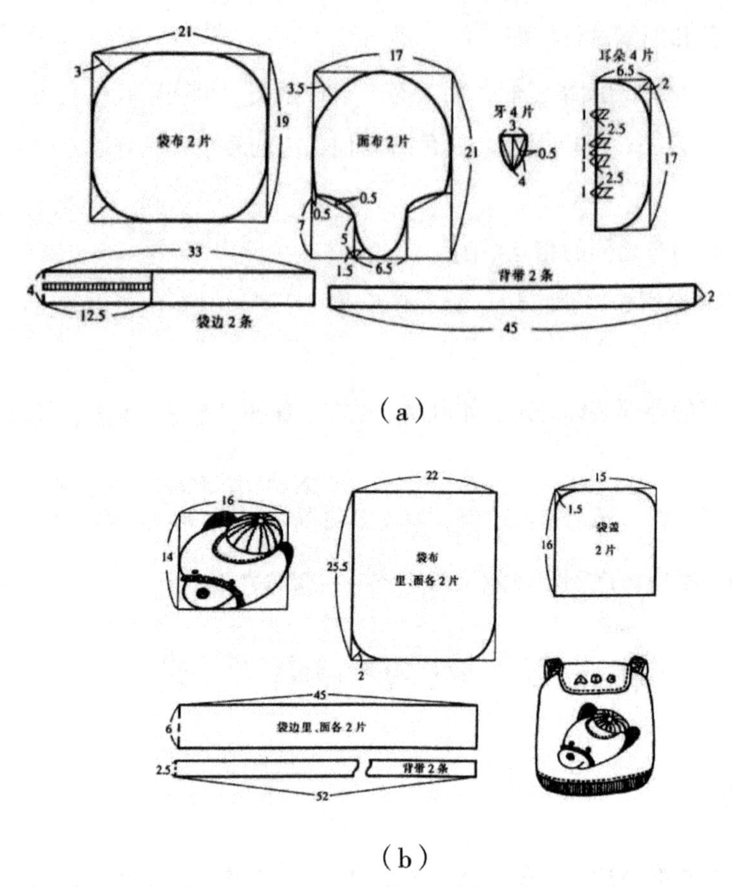

（a）

（b）

图 3-10 动物形包袋制作

2. 拼贴图案包袋的制作

拼贴图案包袋的制作方法如图 3-11 所示。

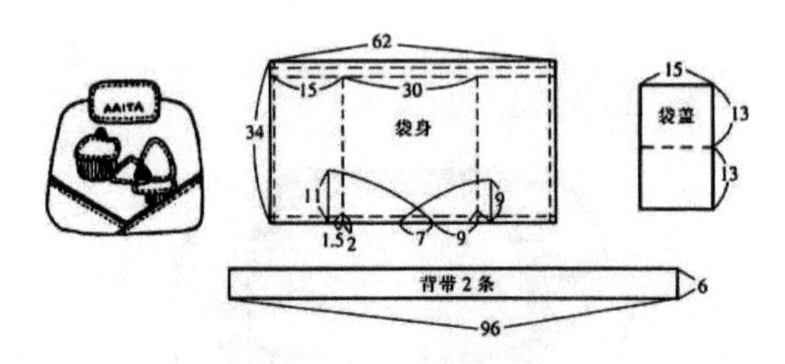

图 3-11 拼贴图案包袋制作

二、化妆包

化妆包的特点为小巧，精致，内有隔层，包袋表面用美丽的花边、缎带、蝴蝶结等装饰，显得美观、高雅。其制作方法如图 3-12 所示。

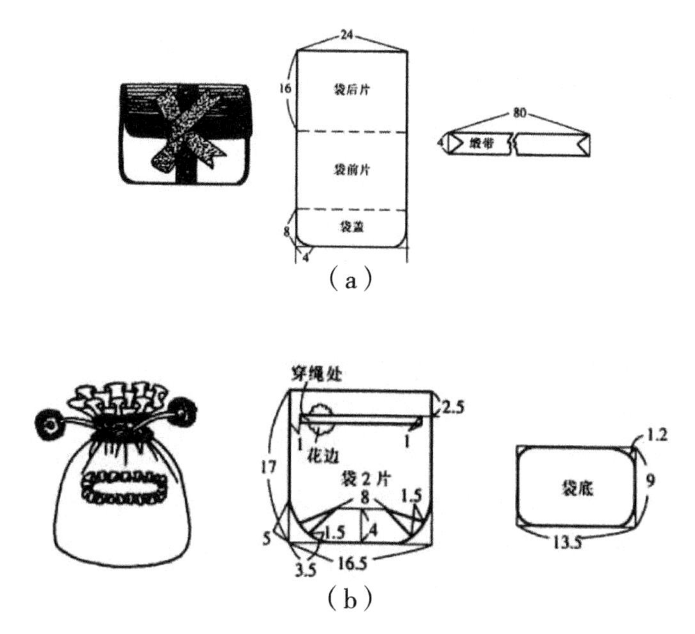

图 3–12　化妆包制作

三、日常拎包

日常拎包的特点为体积较大，造型简练，可衬有棉芯，表面装饰一些图案，显得落落大方。其制作方法如图 3–13 所示。

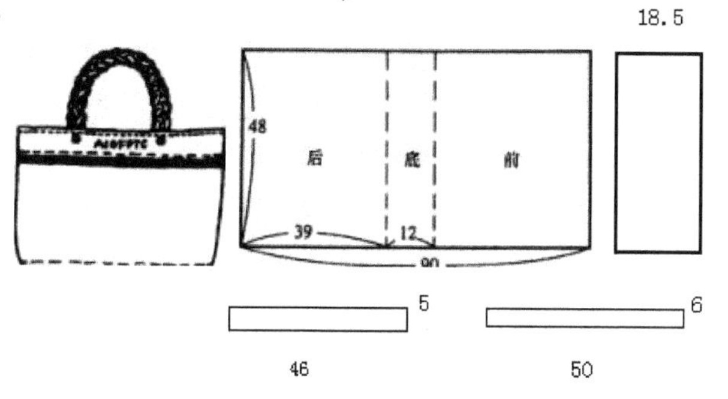

图 3–13　日常拎包制作

四、碎布拼包

利用碎布零料经设计拼贴后制成的包袋，首先要掌握花型、色彩搭配的整体性，最好挑选色彩、花型较接近的布料和单色布料相组合；其次在拼接时要注意拼布顺序。其制作方法如图 3–14 所示。

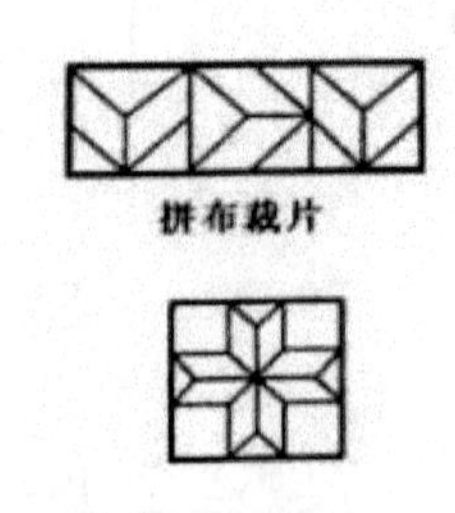

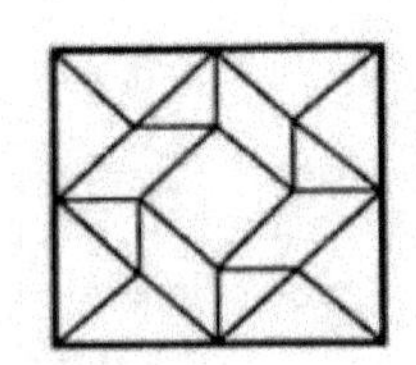

图 3–14 碎布拼包

五、小钱包

小钱包的特点是体积小、造型独特，有金属搭扣或拉链锁口，亦可装饰一些图案，用棉布、绒布、皮革、丝绸均可制作。其制作方法如图 3–15 所示。

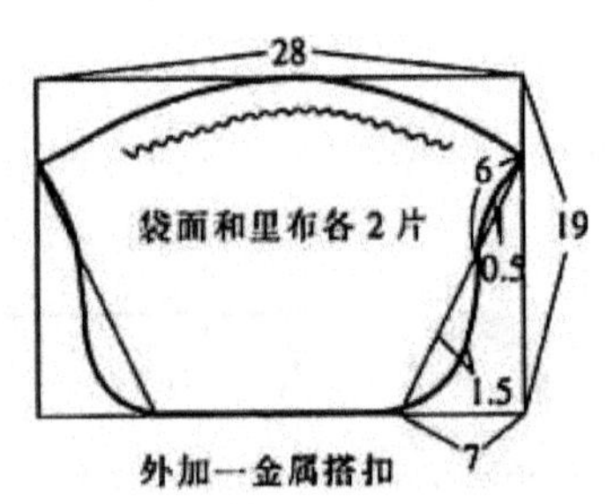

图 3–15 小钱包

六、腰包和小挎包

这两种包的造型较为立体，结构略为复杂，可用花布、帆布、绒布、皮革等制作，亦可装饰一些拼花图案或立体花结。其制作方法如图 3–16、图 3–17 所示。

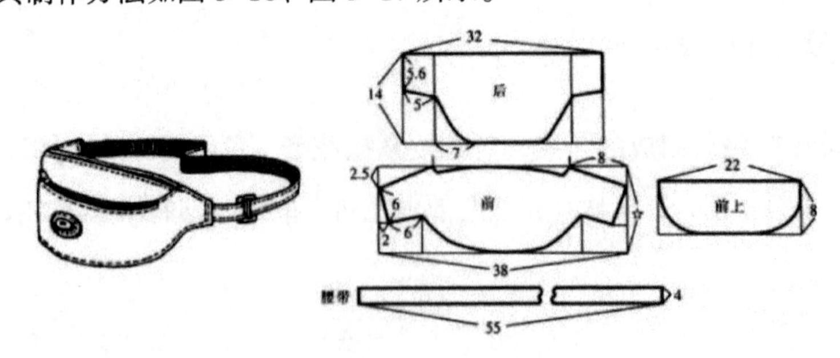

图 3–16 腰包制作

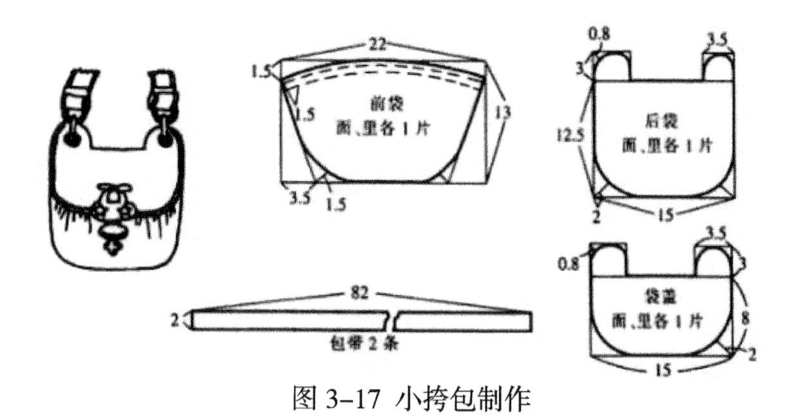
22
1.5
1.5
13
前袋
面、里各 1 片
3.5
1.5
0.8
3.5
3
12.5
后袋
面、里各 1 片
2
15
82
2
包带 2 条
3.5
0.8
3
袋盖
面、里各 1 片
8
2
15

图 3–17 小挎包制作

第四章　花饰品

第一节　花饰品的起源与发展

花饰在服饰中是应用非常广泛的饰品之一。它的风格独特、艺术性强，无论是大自然中艳丽夺目的自然花型还是多姿多彩的人工的创意形态，都给人以无尽的艺术享受。在古今中外服饰艺术史中，花饰品充分展示出艺术、文化、风格和技术的精华与内涵，它同民族习俗、时代特征以及社会经济等因素相互影响和渗透，形成了特定的艺术种类。

自古以来，自然界中娇艳美丽的花弁形态就为人们所喜爱，人们从大自然中采集色彩艳丽、美丽芬芳的花朵、枝叶、果实等物，将它们戴在头颈、身体和手臂上，表现出人们对自然美的热爱、崇敬和向往。在服装的整体装扮中，运用花饰的方法多种多样，如花卉首饰、花冠、花形发式、手捧的花束、折枝花等。

花饰，在人们的生活中占有很重要的地位，服装及饰物上的花卉应用，也为漫长的服饰发展演变留下了生动的一笔。虽然服饰花卉在不同的历史时期、不同的民族地区有着不同的形制和装饰方法，但它都保留了极强的生命力，从不同的方面满足了人们的审美需求、精神追求和理想愿望。

在我国，花饰艺术的发展具有悠久的历史和独特的风格，对于美的向往和对艺术的追求是我们中华民族文化之体现。先民们对自然美的认识、追求和使用是随着时代的发展、社会的进步及审美观的变化而不断加深的。我国地大物博，花卉的品种众多，美丽的花卉形态时时处处为人们所利用。象征富贵的牡丹、表达爱情的芍药、出污泥而不染的莲花、傲雪欺霜的梅花和清雅素洁的兰花等题材，在人们的生活中息息相伴，并升华于美学、文学、艺术的高度，用以表达情思、抒发情感，或以装饰手法来畅神达意。

各个不同的历史时期，人们对花卉的认识和应用的方法都不一样。如原始时期，人们多把奇花异草披戴于身，或将花卉之美注入日常用品的制作中，或在居住的环境中装饰美丽的花饰。此时，原始的花卉装饰意念已初步形成并不断完善。当纺织技术发展之后，人们将自然花卉加以综合概括，或织或印在纺织品当中，借以表达美的意念。在魏晋南北朝时期，由于佛教的传入，人们对花卉的选择和应用明显地带有宗教色彩和意义。如花卉品种多选用莲花、忍冬花、牡丹花等，装饰形式以供花、室内插花和头饰花为主。从装饰意义上说，花饰除对服装本身的修饰之外，还体现出人们对自然、艺术的认知，有时还在某种程度上反映出当时人们具备的文化、艺术素养。如隋唐时期，由于经济较为繁荣，对外交流频繁，使得社会发展较快，文化艺术也进步较大，因此人们对服饰装扮的追求也更高。用花饰的形式装扮服装、头饰时开始注重题材的意境、花卉的品位，在不同的服饰形式中，花卉的选择讲究搭配，区别名花与一般花卉的用法，同时讲究花饰与服装中花卉图案的整体搭配。唐代的花髻是很有名的花饰。李白《宫中行乐词》中说：“山花插宝髻。”就是以各种鲜花插于发、髻作为装饰。《夜史·引女世说》曰：“张镃以牡丹宴客，有名姬数十，首插牡丹。”（图 4–1）将如此大而富丽的花卉插于发际，装饰效果较为突出。而唐代妇女更多应用的花饰为“茶花似雪簪云髻”。茶花即茉莉花，将一束束雪白的茉莉花插于黑发之间，黑白相映，形成对比，为妇女发饰中主要的装饰手法，在民间流传非常普遍。直到清代，民间女子插花于发际的习俗仍流行不衰，因此在许多地区都有专门培植鲜花以供使用的花圃。如江南一带的插花以茉莉、素馨、蕙兰、夜来香、野蔷薇、牡丹等最为妇女所喜爱，而花源大多来自苏州、常州等地。

图 4–1 唐代的簪花仕女

鲜花虽美，但无法久留，常需更换，因此明清时期苏州一带已有用丝绸、绒绢或通草等材料制作的仿真花来取代真花。这种仿真花饰制作精致逼真，又可耐久，亦为妇女们所崇尚，与自然花饰一同流传下来。

在西方的服饰艺术史中，使用花卉装饰的手法也非常普遍。如欧洲服饰的装饰性强，各个时期都有不同风格的花饰流传，或饰于衣裙之上，或饰于发际，或饰于内帽边缘。这种对于美的追求自原始人类始就已初步形成，每个世纪都在流传。花环和花冠是人们最常用的装饰物，在一幅公元前 4 世纪的壁画作品中，可以看到古罗马贵族妇女的花冠饰物。在许多反映伊特拉斯坎统治　时期的罗马服饰的主题中，都有类似的金色叶片花冠，可见当时花冠装饰在妇女服饰中被普遍使用。将花朵大量装饰缝缀于服装上的方法，在欧洲 18 世纪达到了很高的普及程度。在服装史上，这个时期的欧洲处于装饰华丽、烦琐的洛可可时代，而花的使用又是洛可可风格的体现。贵族小姐的衣饰中，到处可见花卉的踪影，除了衣料上的印花外，衣服的“褶边装饰镶满了花环，领口上有花、衣领上有花、头发上也有花，妇女喜欢在肩部和腰部装饰花束……花饰也常常戴在肩上或镶在颈前的彩带上……裙从腰间到裙子边缘都饰有花朵彩环”。在 18 世纪中叶，法国的庞波多夫人对服装的认识影响了世人的审美观，左右着整个欧洲服装的风格。她的服装装饰华丽、外观夸张、造型优美，并大量使用饰物，如颈下佩戴的花环，多层次的袖口饰以蓬松的彩带，轻薄的纱裙借助褶边、花朵、花边和彩带的衬托，使整套服装给人以明快轻柔、宽松飘逸的动感，花饰已逐渐被融入服装设计之中。庞波多夫人服装的装饰观，充分细致地体现出洛可可风格，既迎合了时尚特征，又反映出她个人高雅的品位。当时社会上 层时髦的名媛淑女们竞相模仿她的装束，在发型、面料、款式、装饰、珠宝首饰等各个方面都展现出了她的风格。在服饰史中，以庞波多夫人命名的有发型、首饰、装束等。因此，由于庞波多夫人对服装的深刻影响，使她被载入了服装史册。

第二节　花饰品的审美艺术特征

服饰中的花卉装饰的目的应是多种并存，如装饰审美性、民族标识性、宗教礼仪性、御寒遮羞性，甚至还有表示等级地位、象征身份、取悦他人等多种含义。但从中外服饰发展过程分析，审美装饰性应排列在第一位。虽然现今服饰中的花卉的装饰形态已不同于历史服饰的形式，许多原始、古老的花卉装饰形式也逐渐失去了其自身存在的价值，但在服饰史中却曾经占有不可忽视的地位。

服装花饰的审美艺术特征，首先体现在原始模仿性上，自然界中万般奇异美丽的花草都是人们进行模仿的良好素材，人们将花卉编成花环佩戴于身，给人们造成外观上的视觉美感及佩戴者自身的精神愉悦。然而，自然花卉短暂的生命力不能持久地保存，促使人们产生了用其他材料仿制的方法。模仿出的花饰逼真、美观、耐用，在仿真的基础上还有较大的发挥创作余地，人们的审美视野得到了进一步拓展。

装饰造型审美性是服饰花卉的第二个特征，它通过多层次或复杂的空间结构，使服装呈现出立体、富于变化的外观效果。归结起来有两个主要特点：一是造型的多样性，它集众多花卉的造型、色彩、结构精华，经过变化和浓缩，以其新颖的外观吸引众人，给人以视觉上的美感；二是装饰形式的多样性，它运用各种不同的装饰手法，在不同的装饰部位，造成立体空间的装饰效果。花饰排列的聚散所形成的节奏感、韵律感能够引起观者视觉上的审美共鸣；花卉装饰的多与少也恰到好处地衬托出服饰的美感。服装与花饰、配件与花饰的合理组合，使得服饰从整体上产生独特的个性和视觉上的综合美感。

花饰色彩审美性在服装花饰中也十分重要。花饰色彩装饰的规律在于整体协调，在这个大前提下，应考虑三个方面：一是花饰的色彩完全与服装一致，如一袭白色的晚礼服，腰际所饰的蝴蝶结色彩取之于服装，使整套服装给人以清新高雅的美感；二是以亮丽色彩的花饰作为点缀，以求达到画龙点睛、以少胜多的效果，如在黑色天鹅绒晚礼服上以金色花朵作为装饰，在理论上这种无色系之色点缀容易协调统一，在视觉上则易达到令人赏心悦目的色彩效果；三是强烈的色彩对比组合，在传统民族服饰中，这种方法运用得较为普遍，具有装饰趣味，有时服饰可由许多不同色相的花卉对比组合，并利用色彩的补色原理，使花饰看上去更艳丽、更强烈。

在当今社会发展变革时期，人们讲求高效率、高速度的工作节奏，整个社会都处于繁忙紧张的境地之中，风格简洁明快的现代服装不可能像18 ~ 19世纪那样尽情地进行装饰，但人们仍喜爱大自然赋予的美丽，仍怀念古典优雅恬淡的田园风情。因此在服饰上，饰有花卉的作品仍很迷人耀眼。尤其是众多服装设计大师，从古典服装和民族服饰中汲取精华，获得创作灵感，使得许多服饰作品既带有古典高雅的格调，又尽显现代创意新潮的风采。花饰风格多种多样，仿真花卉逼真自然，与真花几乎难分上下；变形花卉夸张大方，自然花卉与之难以比拟。除了花卉的造型、色彩外，有些花饰还添加饰了晶莹的露珠、芬芳的气味、自然的开合等，更为之增添了自然的情趣。

服饰中的花卉装饰，在服饰中起到了装饰点缀的作用。有些特定场合、特定的服装，使用特定的花卉才能形成服饰的整体美。花卉装饰的形式主要有两个方面，一是对服装的修饰，其中部分包含在服装设计的构思当中，如花式服装、服装的局部装饰等；二是独立的花卉装饰，主要为花冠、花环装饰、头花、手捧花束装饰等。

花式服装指整套服装都是花卉形态，服装的外观以某种花卉形态形成，也可以将各种花卉缀满服装。人们在节日喜庆的场合中或舞台上穿着花式服装，仿佛是被掩映在鲜花丛中，效果非常独特。在舞台服饰中，还可将此类服装设计成变色、变花形的造型，随着音乐节奏的变幻和演员舞蹈的节奏，随时变化服装的花式和色彩，达到引人入胜的目的。

服装局部装饰指花卉饰品分别装饰于服装的不同部位。常见的装饰位于服装的领口、袖口、肩部、背部、胸口、腰际、衣边、下摆等部位（图 4–2）。花卉的造型为单独的大型花朵、一束或一小丛的小型花朵、叶片、蝴蝶结等。花卉的材料、色彩、造型都应与服装的款式、造型、面料、色彩相适应，协调一致，否则会出现孤立、不自然的情况。服装局部装饰花卉，常见于晚礼服、节日服装、舞台服装、便装、西装、休闲装以及童装中，应用的范围很广，深受人们的喜爱。这类花饰虽主要起到了点缀的作用，但它作为完整设计构思中的一部分，也有着独立的装饰作用。

图 4–2 服装花卉装饰

花冠、花环装饰，在各民族的传统服饰中应用很普遍，人们通常将美丽的山花野草采摘下来，编成花环、花冠，佩戴在颈部或头上，用以装扮自己，表达美好的心愿。花环和花冠主要以多组花草叶片编成环形，单色花朵编成的花环活泼多姿，多色花朵花环则缤纷艳丽。人造花卉的制作以丝绢仿真形式或意象的花朵、蝴蝶结组成。在花环中还可点缀上漂亮的丝带、小球等饰物，更增添活跃的动感。眼饰中的花卉服饰，除了头颈衣装的装饰之外，还包括手捧花束的形式，因为在许多特定的场合里，利用手捧花束的形式可以烘托服饰整体和环境气氛，使服饰装扮具有特定的情调和意境。手捧花束的设计讲究突出花卉的特征、色彩的组合以及数量的多少。在设计原理中，形式的重复本身就是美，因此同种花卉的重复、色彩的重复、大小的重复等，都能给手捧花束带来美感。

第三节　花饰品的制作材料

人们以各种材料按照自然花卉的形状、色彩、质地来加以制作，形成仿真花卉，人们称其为“人造花”或“仿真花”。由于自然界中的花卉千变万化，形态各异，因此制作人造花卉时必须考虑所设计花卉的质感、花型特点等，以选用相应的材料及工具。

一、制作花饰品的材料

制作人造花卉的材料很多，有布料、纸、皮革、草茎、珠子、亮片、铁丝等。

布料是制作花卉最常用的材料之一。由于制作花卉时常直接将花瓣形状从布料上剪裁下来，因此所使用的布料应考虑质地细腻、紧密，避免使用结构松散、容易脱线的粗纹织物。常用的布料有丝绸类、棉布、呢绒、合成纤维织物等。

丝绸类面料有双绉、绢、绉纱、缎、电力纺等。

棉布类面料有薄型的棉布、厚棉布、针织布等。

呢绒类面料有纯毛呢料、混纺呢料、羊绒呢、毛毡等。

化学纤维类面料有尼龙纱、腈纶、氨纶等。

皮革及毛皮类材料有牛皮、羊皮、麂皮、兔皮、水貂皮、狐皮以及各种人造皮革和人造毛皮。

另外还需要一些棉质的韧性较好的纸张。

作为花朵支撑物和固定物的铁丝是必不可少的，可以准备由粗到细的铁丝、铜丝数种以备使用。

根据所制花卉的需要，应准备一些合适的绳线以便绑扎缝缀。通常使用各色棉线、丝线、尼龙线或绒线，必要时还可以使用粗一些的麻绳或棉绳。

作为花朵上的装饰物，还要准备一些漂亮的珠子、亮片以及适合于花朵的装饰物。

二、制作花饰品的工具

制作人造花卉的工具比较简单，主要由剪裁工具、缝制工具、整烫工具组成。

裁剪工具包括普通剪刀、尖头剪刀，另外还要准备一把能剪切铁丝的小铁剪。

整烫工具除了常用的家用调温熨斗外，还要准备一套可调换熨斗尖的熨花器，可以根据花型的需要和用途来选择不同的熨斗尖。熨斗尖的形状有细长弯头形、钩形、球形、管状等多种形状，起到拉、压、抽筋等不同的作用（图 4–3）。

图 4–3 熨花器

缝制工具主要使用各种细长的缝衣针、锥子、镊子等。另外，还要准备糨糊、胶水、胶带纸、刷子、染料等材料，在制作特殊花卉时备用。

第四节 花饰品的制作工艺

在制作花卉之前，我们应先明确制作花卉的主题，是模仿自然花型的特点，还是根据自然花型略作夸张变形，也可设计成完全脱离自然花卉形态的抽象作品。

确定好主题后，选择合适的材料开始制作。我们将花卉的制作方法归纳为两种，一是裁剪制作法，二是卷折缝制法。裁剪制作法适宜制作较为逼真写实的花卉形态，而卷折缝制法则更适合制作比较抽象的花卉形态。

一、裁剪制作法

裁剪制作法首先要制作纸样。根据花瓣的特点，将其形状绘制在纸上，如果花型较大，可绘制出从大到小的花瓣纸样数片待裁。有的花型较小，花瓣细长，所作的纸样可将其连接起来，但要注意将花瓣由大到小的进行排列。

用裁剪法制作花卉，一般要将面料事先用糨糊刮刷处理，待平整干燥后方可用于裁剪。

制作写实花卉时，要分别处理好各个部分的关系，如花茎、花蕊、花瓣、花萼、叶子等局部的造型，以及考虑好它们组合后是否能够完整、协调、美观。

（一）制作花茎

花茎一般用铁丝、铜丝制作，除极少数使用裸露的铁丝之外，大都将铁丝用布料或纸张包裹起来，有缠茎、包茎、斜卷茎等方法。

（1）缠茎：将铁丝一根或数根组成一束，用涂上糨糊的布条或纸条缠好待用。

（2）包茎：在制作较粗花茎时使用。将铁丝束放在包茎布的中间，涂好糨糊后卷合起来，可用单层或多层布料。

（3）斜卷茎：制作较细的花茎所用，一般用丝绸、绢、细布等制作。将面料斜裁成 1cm 宽的布条，在布条上涂好糨糊，卷起布头插入斜卷茎熨斗的大孔中，从另一侧小孔拉出即成。

（二）制作花蕊

花蕊有许多不同的形状，除了在商店里可以买到的成品外，我们还可以利用棉线、铁丝、尼龙丝等制作出各种形状的花蕊。

（1）布蕊：先把浆好的布料裁剪成长条，再按需要剪出切口，将铁丝做成的茎头部拧弯、挂住布条的切口，涂好糨糊，卷平整即完成（图 4–4）。

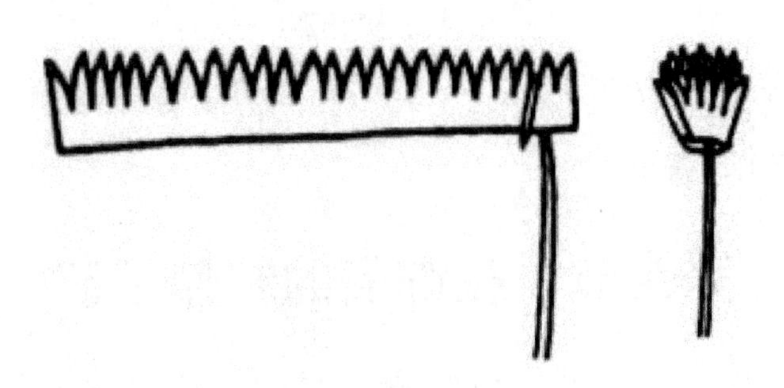

图 4–4 布蕊

（2）尼龙丝蕊：在市场上购买较粗的尼龙丝（钓鱼线），剪成一定的长度并扎成一束。在每根尼龙丝的头上穿进一颗小珠子，用火烫一下将其固定住（图 4–5）。

图 4–5 尼龙丝蕊　　　　图 4–6 线蕊

（3）线蕊：用棉线一捆包卷在棉纸中间，切口处涂上胶水，将其粘在花心部位，待固定后除去棉纸（图 4–6）。

（4）纤维花蕊：用腈纶棉纤维或塑料纤维抽丝理顺、修剪平整，绑扎在铁丝上，尾端用纸条包卷起来。

（三）制作花瓣

由于自然花卉的形态多种多样，我们在制作花瓣时需先分类，如单瓣花、复瓣花、片状、条状等，然后根据花瓣的造型来制作。

（1）单片花瓣：将面料浆好，裁剪成一片片的花瓣，花瓣要从小到大按序摆放，根据各种花朵的种类数目多少不等。裁好的花瓣要用熨斗熨烫定型，然后在花瓣的根部涂上糨糊，从中心开始一片一片贴在花茎上。必要时可用细线将它绑扎起来（图 4–7）。

图 4–7 单片花瓣

图 4–8 整裁花瓣

（2）翻卷花瓣：如果花瓣比较细长密集，可以将面料裁剪成条状，再分别裁剪成细长的花瓣形，但不要将布条剪断，在连接部位涂上糨糊卷在花茎上，最后将花瓣整理平整即可。

3）整裁花瓣：用于形状较大的花瓣。应裁剪时考虑花卉的整体造型，无论是单层的还是多层的，可以同时裁出花瓣的每一片。如果是多层的，应考虑每一层的大小渐变，然后分别整烫每一花瓣在根部涂上糨糊，贴在花茎之上（图 4–8）。

（四）制作花萼

花萼的形状主要有圆形、齿轮形、扇形等。根据花卉的品种，将制作花萼的面料裁剪出来，然后在根部涂上糨糊，粘贴在花朵的底托部（图 4–9）。

图 4–9 花萼

（五）制作叶子

叶子的形状很多，有阔叶、细长叶、圆形叶、巴掌叶、锯齿叶、扇形叶等。在制作叶片时，在布料上涂上糨糊，并用铁丝固定在叶子的背面；有的叶子需用双层，要把铁丝固定在夹层中，然后在叶片上用起筋熨斗烫出叶脉。有的叶片较大，需用铁丝多处固定，或按叶脉固定，或沿叶边固定，主要起支撑作用（图 4–10）。

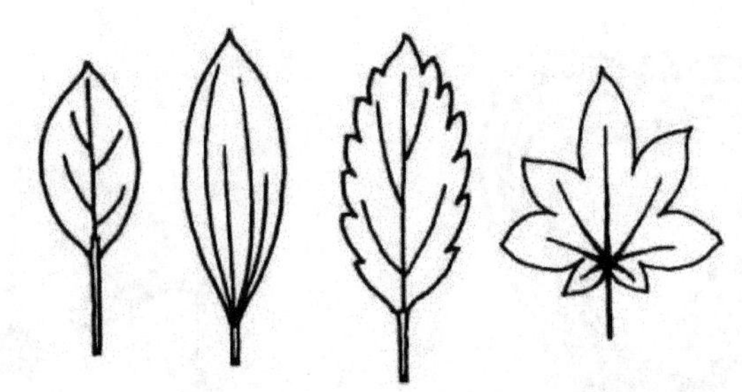

图 4-10 单片叶子

有的叶子单独使用，有的叶子则为多片组合而成。在制作多片叶子时，要掌握各种叶子的组合特点，并用细铁丝加以组合固定（图 4-11）。

图 4-11 多片叶子

二、卷折缝制法

此方法在制作服装的花卉中应用非常广泛，所用的材料多为半透明、有光泽的面料或丝带。卷折的方法有很多种，在制作时要边卷折、边缝制。

1. 翻卷法

选择 1 ~ 1.5cm 宽的丝带，将开头的部位折成三角形，然后左、右手相互配合，左手将丝带向内卷的同时，右手将丝带向外翻折。反复翻卷数次后，用针线从花朵的反面加以缝合、固定（图 4-12）。

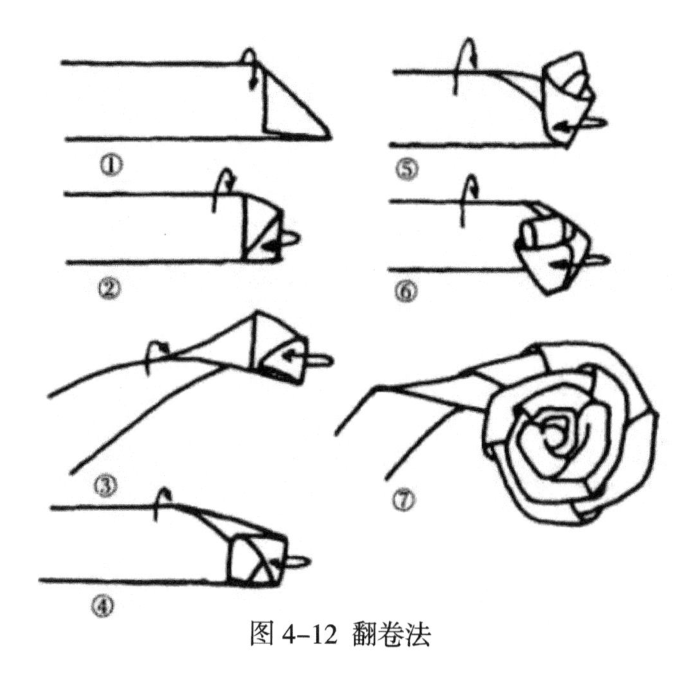

图 4–12 翻卷法

2. 表折法

将布料裁剪成长条形，也可裁剪成由宽到窄的长条形。对折后从布条的开头部位边折边卷，花心部位卷折得紧些，向后折卷时可边卷边缝缀，最后裁剪一圆形花托缝在花朵的背部，将缝缀的花根部全部包起来（图 4–13）。

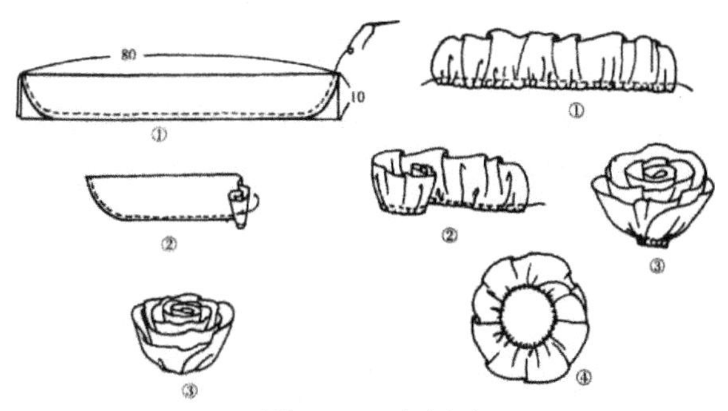

图 4–13 表折法

有的花卉可用单层面料卷折，做出的花型比较轻盈、飘柔；也有的花卉可用双层或多层同时卷折，这种花饰的层次多，立体感强，有厚重感。

花朵做好后，将尼龙线（钓鱼线）缝在花心处作为花蕊，尼龙线的长短可根据设计的意图自行裁定，在线头处还可以烫上小珠子，以增加花饰的对比和动感（图 4–14）。

图 4–14 安装花蕊

卷折法还可分为平面卷折、立体卷折、扇形卷折等。

三、各种人造花卉的制作方法

1. 蝴堞结

蝴蝶结在服装上的应用很普遍，从晚礼服、便服、职业服、儿童服装到帽子、鞋子等服饰物，都可见到蝴蝶结的踪影。蝴蝶结的制作简单，外形美观。在一套服装中，可用单独的大型蝴蝶结，也可用一组小型蝴蝶结，各有自己的独特之处。

制作时，把一块布料裁剪成长方形，从反面缝合，中间留出一个开口，翻出正面，再按折扇法将中间折起，用另一细布条从中间绕紧缝合。

蝴蝶结的式样很多，有单片、双片或多片组合，花瓣也可设计制作成圆形、菱形、方形、三角形等各种形状。

一般的蝴蝶结内部不用加衬，但如果做一个较大的蝴蝶结，且需要较为硬挺，应在内层加上黏合衬以增加其硬度。

2. 玫瑰花

玫瑰花的特点是花瓣从小到大重重包叠。制作时，应先缝制一个花心，将花瓣裁剪好后缝钉抽褶，再由小到大一瓣瓣地包缝上去，每瓣重叠三分之一，花的表面中心呈三角形交错，外轮廓为圆形，非常美观。玫瑰花制作完成后，还可以配上两三片叶子。

3. 向日葵

向日葵的特点为花朵较大，花瓣分为圆形和细长型，用明黄色布料制作。圆形花瓣以折叠缝制的方法制成，细长形状的花瓣为单片，用较厚的布料经浆洗后裁剪成型，然后一片一片缝制上去。

4. 纽扣花

纽扣花中间采用一粒较好看的纽扣，花瓣选用弹性针织编带，两层或三层均可，重合后缝合抽褶，环绕纽扣一周缝合（图 4–15）。

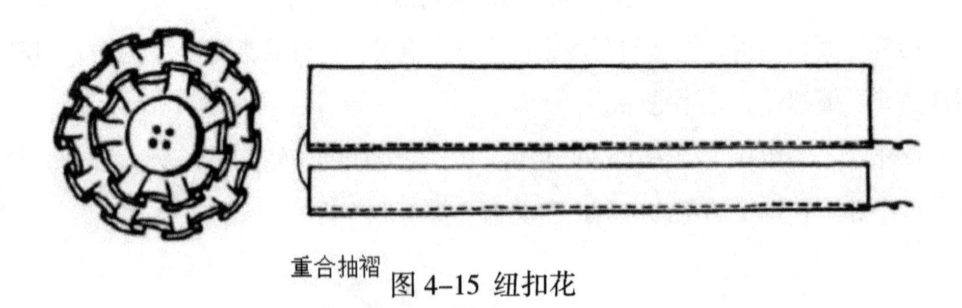

图 4–15 纽扣花

5. 山茶花

山茶花有单瓣和复瓣之分，区别在于花瓣的多少，而制作方法相同。花心部分取一条较长的白色有光布料，缝后反复折叠，用针线固定。花瓣部分裁剪出大小不等的花瓣片数枚，然后分瓣缝合在花心背上。

6. 绣球花

先制作一个花托，托内填入腈纶棉。用浅紫色和浅蓝色的尼龙纱裁剪成小花瓣，每4片同色的钉成一朵，再将每朵小花缝在花托上。两种颜色穿插缝合。

7. 海带花与太阳花

海带花：用透明尼龙纱制作而成。将尼龙纱按45° 角斜裁成长短不一的花瓣数片，把裁剪好的花瓣边缘拉松些，然后用熨斗烫一下将其固定，花瓣便呈波浪状，然后有规律地缝合即成。

太阳花：可以采用制作海带花的方法，只是尼龙纱的颜色选用大红色即可。

第五章 刺绣

第一节 刺绣的起源与发展

人类对身体的装饰远远先于对服装的装饰。当人类刚刚进入意识混沌、朦胧的萌芽时期，原始的巫术、审美观便引导先民们用自然界中的花草、贝石、鸟羽、兽骨等物装饰在自己的身体之上，以满足心灵的需求。随着岁月的流逝，人类逐渐走向成熟，除了会纺纱织布制成衣服来保护自己的身体之外，在其实用的功能上附加了更能体现精神需求的装饰功能。人们通过绘画、刺绣、镶边、钉珠等多种装饰，使服装更加美观、丰富、华丽和贵重，其深层内涵则表达出引人注目、炫耀富有、表现个性甚至表明身份地位等多种因素。通过对服装的装饰，达到满足人们的精神追求、审美等多元化的需求。

刺绣工艺的历史源远流长，在殷墟（河南安阳）出土的铜觯上所附的锁绣纹残迹则是华夏刺绣发轫的实证。而后在陕西宝鸡茹家庄西周墓的淤泥中，又发现了用辫子股针法刺绣出卷草花纹的丝织物印痕。它并不是满地皆绣，而是画绣并用。《周礼·考工记》称“画缋之事，五彩备谓之绣”。另外，湖北江陵马山一号战国楚墓出土的众多绣衣袍，纹样丰富，色彩斑斓，精致美观。两汉时“汉绣”（即用线帛、毛布为底的刺绣）已被广泛应用于衣袍、裙边以及日用物品上，以锁绣辫子股绣法为主，平绣针法为辅。

魏晋南北朝至唐宋时期，刺绣的技艺针法有了新的发展。绣品除用作宫廷王室衣装和用品外，还扩大到宗教的法衣、袈裟、佛幡、坐垫等物品上。如甘肃敦煌莫高窟藏经洞发现有北魏太和十一年（487年）的满地施绣佛像残片；陕西扶风法门寺塔窖藏有武则天黄金线绣裙残片福建福州南宋黄昇墓，出土了有各种花卉以及蜻蜓采莲和蝶恋牡丹等纹样的衣物。绣品的针法有齐针、铺针、接针等十余种，针法已较成熟。

元明清时期，刺绣工艺得到了全面而系统的发展，各种针法、绣技已日趋完美。绣线色泽达到了“变不可穷、色不易名”的程度。绣线色彩有九种色谱系列，共七百多种。纹样有章服纹样、组合寓意纹样、写生仿真纹样、嵌字颂祝纹样等。当时的“苏绣”“湘绣”“蜀绣”“粤绣”被誉为四大名绣。其他如京绣、鲁绣、汴绣、杭绣、瓯绣、闽绣等，亦负盛名。而苗绣、壮绣、土家绣、侗绣、傣绣、藏绣等少数民族绣，则各具特色，在衣物上也广泛使用。

清末民初以来，西洋文化的东渐与服制的变革，使人们的服饰渐趋西化。而西方服饰受英国产业革命和法国革命的影响，变得简洁朴素，衣服上所施的刺绣量渐少。但是，刺绣作为传统的装饰手段，以其特有的美感在当今的服饰中又焕发了新的生机。

外国的服饰刺绣工艺也非常丰富悠久。在公元前一千多年前的古埃及第十八王朝图坦卡蒙墓葬中出土的服饰上，已有大量精美的刺绣及缝缀薄金片的花边。在中世纪的欧洲各地，刺绣工艺以教会和宫廷为中心得到了发展。人们在教会的壁挂、祭坛用的铺垫及僧衣和象征王侯贵族权威的衣装上用丝线及金银线、宝石等制成黄金刺绣、凸纹刺绣等，迎来了刺绣的黄金时代。而经爱琴海诸岛流传的东方刺绣，与东欧、北欧的刺绣融合，造就了新的北欧刺绣。在西方，进入17世纪后，宫廷文化再次变得华丽，花边、刺绣的运用到了全盛期，刺绣成为这个时代厚重衣服上的豪华装饰。在世界各地，刺绣工艺更是丰富多彩，不胜枚举。如俄罗斯、印度、法国等国家的民族刺绣艺术古老而又丰富，多以纤细的彩线绣缀在衣服上，配以金银线或缝缀上珍珠宝石，显示出华丽、贵重和高雅的风格。

服装中的装饰主要包括各种刺绣、滚边、拼贴、镶珠等形式，也有几种方法结合的形式。随着现代时尚的多元化需求，在传统的装饰方法的基础上，又扩展出更多、更丰富的装饰手法，传统的装饰纹样与现代创新风格相结合，传统的手工技艺与现代高科技手段相结合，更好地展现出服装的装饰美感和文化内涵，也使现代服装更加丰富和亮丽。现代服装中的刺绣艺术，继承和发扬了传统技艺的精华，更加注重刺绣的艺术表现力和视觉冲击力，结合现代人的审美需求，利用绣、贴、抽纱、挑花等手段美化服装，处理面料，使古老的刺绣艺术更加贴近现代人的生活。

第二节 中国四大名绣

在服装的装饰手法中，刺绣是应用广泛、装饰效果丰富的方法之一。刺绣是指在各种纺织材料制成的服装、饰物及其他装饰品上，用针和线施以缝绣、贴补、钉珠、雕镂等方法进行装饰。中国的刺绣艺术以其富丽、美观、典雅的艺术特色和丰富精湛的技艺著称于世，已流行了数千年。其中最具代表性的有著名的苏绣、湘绣、粤绣和蜀绣。

一、苏绣

苏绣的历史悠久，据史料记载，早在两千多年前的春秋时期，吴国已在服饰之上使用刺绣。三国时，也有在方帛上刺绣出五岳、河海、行阵等图案，有“绣万国于一锦”之说。到了宋代，由于苏州的种桑养蚕、抽丝织绸业飞速发展，刺绣也形成了规模，声名鹊起，已达到相当高的水平。至明代，吴门画派的艺术成就也推动了刺绣艺术的发展。刺绣艺人把好的绘画作品搬上丝帛，“以针作画”，绣出的作品笔墨酣畅，栩栩如生，在针法、色彩等方面逐渐形成了独特的风格。清初之际，在顾绣的带动下，苏绣的风格愈加完美，用色和谐，行针平匀，还出现了一批江南名绣娘，如金星月（浙江宁波人）、王媛（江苏高邮人）、卢元素（满族人，居江南）、赵慧君（江苏昆山人）以及沈寿（著名绣工，江苏吴县人）等，尤其是沈寿的“仿真绣”使苏绣在清末民初名扬天下。

苏绣的主要艺术特点是品种众多、图案绢秀、色彩雅致、施针整齐，劈丝匀细光亮，绣风典雅清丽。苏绣的针法有9大类40多种，有齐针、套针、施针、乱针、打子、平金、滚针、结子、网绣、挑绣、刻鳞针等，还有单面、双面之分。用不同的针法可以表现出不同的艺术特点，被概括为“平、齐、细、密、匀、顺、和、光”。

二、粤绣

粤绣泛指产于广东的刺绣品，在唐代已经发展得十分成熟，绣工把马尾缠绒用作勒线，用其绣制花纹的轮廓，再把孔雀羽毛扭成绒缕，绣出花纹，还有一种将孔雀毛与丝纤维编组而成的绣线可用于刺绣楮品之作。宋明之时，粤绣的技艺又有了很大的发展。到了清朝乾隆年间，广东已设立绣行、绣庄、绣坊等，呈现出欣欣向荣的景象。粤绣的品种丰富，应用范围广泛，涵盖日常用品的各个方面，如刺绣画片、被面、枕套、床楣、帐衽、台围、绣衣、绣鞋等，还有用于绣制舞台装饰品、戏袍和喜寿屏障等。前者多绣人物、动物、云龙、凤凰、麒麟类图案；后者多绣“福禄三星”、“八仙腾”、“麻姑献寿”类寓意吉祥富贵的图案。

粤绣还包括了“广绣”和“潮绣”两个流派，针法因其流派的不同各有特点。“广绣”主要有7大类30多种针法，如编绣、绕绣、直扭针、续插针等，广州钉金绣中的平绣、织锦绣、凸绣等6大类10余种针法也较常用。“潮绣”有转针、旋针、凹针、垫筑绣等60多种钉金针法和40多种绒绣针法。粤绣绣品的构图饱满，针脚匀称，富丽堂皇，充分表现出粤绣浓郁的地方特色。

三、湘绣

湘绣是湖南长沙地区的刺绣产品。它是在湖南民间刺绣的基础上，吸取苏绣和粤绣的优点发展起来的。在战国时期，湘绣就已达到了较高的艺术水平，如从长沙楚墓中出土的龙凤图案绣品，是在细密的丝绡上用连环射法刺绣的，图案生动，行针整齐，绣工精致，表现出当时刺绣技艺已很娴熟。在长沙马王堆西汉墓中出土的大量刺绣衣物，其绣线都是未加捻的彩色散丝，色相有18种之多，绣衣的针脚整齐，线条洒脱，图案变化丰富，反映出西汉时期湘绣的高超技艺。明清以后，湘绣已遍及湖南各地城乡，女子在劳作之余用绣花针来展示自己的女红技巧，美化生活，大大促进了湘绣艺术技巧和水平的提高。

湘绣多用连针、平针、齐针、接针、掺针、游针和打子针等多种针法，绣工精细，图案生动活泼，形成了湘绣独特的艺术风格。

四、蜀绣

蜀绣又名川绣，是以四川成都为中心的刺绣品总称，历史悠久。据史料记载，早在春秋战国以前，蜀国的丝帛和蜀绣的技艺就已具有相当的规模和水平。西汉扬雄《蜀都赋》中有“若挥锦布绣，望芒兮无福”的语句。据晋代常璩《华阳国志》载，当时蜀中刺绣与蜀锦齐名，被誉为国中之宝。

蜀绣以软缎和彩丝为主要原料，题材有山水、人物、花鸟、鱼虫等，针法多达12类别100多种，最独特的是表现色彩浓淡晕染效果的晕针。蜀绣的特点是图案生动，常具有吉祥寓意；色彩鲜艳、浓淡适度、掺色柔和；绣品浑厚圆润，富有立体感；针法多而细密，针脚平齐，疏密得体，变化丰富，具有浓厚的地方特色。

第三节 刺绣的制作工具与材料

绣花绷架、绣花针和剪刀是刺绣的主要工具。材料有绣花线和可供刺绣用的棉、丝、麻、毛织物等。

一、绣花绷架

绣绷主要分为手持的小型圆绷和绣制较大绣品的绷架两类。

圆绷：由两只大小配套的竹箍组成，内外相嵌吻合，其直径为 13 ~ 30cm，可视绣品需要分为四五种不同的规格。

绣花绷架：由绷凳、绷架、立架等组合而成，均为木制。绷凳俗称三脚凳，二足向外，一足向内。一对绷凳相向而立，上面放置绷架。绷架有手绷和卷绷之分，是由两根横档和两根直档组成，型号以横档的长度而定，直档上有榫眼，长短可根据需要随时收放更改。

二、绣花针

绣花针有许多规格，以针身细长、针尾圆润，既利于刺绣又不伤手指为上品。以苏州产的绣花针最负盛名，针长有 2.5cm 和 3cm 等。现常用 24 号针（大）、26 号针（小）和穿珠针。近年来又发明了两头尖的绣花针。

三、绣花线

绣花线分为花线、绒线、织花线、挑花线和金银线。

花线：是绞合较松的纯丝刺绣线，分粗细两种，粗的称为大花线，可劈分数十缕细绣线；细的称为小花线，不能劈分。

绒线：是由短纤维制成的丝线，粗细不匀，牢度较差，一般用于刺绣粗品。

织花线：最早用于湘绣，每股丝线的色彩均有深浅变化，用其绣出的花瓣和叶片，可取得色彩自然过渡的效果。

挑花线：由棉或麻纤维制成。棉质绣品挑花一般选用挑花线。

金银线：有真、仿两种。多用于勾勒轮廓和盘绣，使绣品更显富丽堂皇。

四、面料

棉、麻、毛、丝和化纤等织物均可用。

第四节 刺绣的制作工艺

一、刺绣的工艺流程

一件绣品通常要经过设计、描稿、上绷、刺绣和后整理五道工序。

（一）设计绣稿

传统刺绣的绣稿设计是用纸剪出花样粘贴在面料上，作为刺绣时的底样。专业绣品的设计样稿则由画工绘制而成。

（二）描稿

将刺绣花样描画到面料上有多种方法。如剪纸贴稿法、铅笔描稿法、铅粉描稿法以及摹印法、版印法、漏印法、画稿法等。

（三）面料上绷

将面料平整地绷在绣花绷上称为上绷。上绷时，要注意将面料拉紧，面料丝缕不能歪斜

（四）运针刺绣

在刺绣时，要注意正确的拈针和劈分花线，同时熟练运用各种针法。

拈针方法：右手的食指与拇指相曲如环形，其余三指松开呈兰花状。刺绣落针时，全仗食指与拇指用力，抽针时食指、拇指用力掌心向外转动，小指挑线辅助牵引，手臂向外拉开。拈针动作要轻松自如，拉线要松紧适度。

劈分花线：这是绣工的一项特技。劈分时需先在大花线上打活结，左手捏紧线头的一端，右手抓住线的另一端将绞回松，然后用右手小指插入线中将其分成两半，并用右手拇指、食指各将一半线向外撑开，即可将线劈分为 4 根、8 根、16 根或更多。劈分后的花线要求粗细均匀。

（五）绣片后整理

绣片完工之后，需经上浆、烫贴、压绷三道工序，才能从花绷上取下来。

上浆：需先将花绷面平放在桌上（绣片反面朝上），用饭团在绣线处揉搓，使绣线紧贴面料背面。

烫贴：是用熨斗将上过浆的绣线烫平。

压绷：分两步操作，先将上浆、烫贴后的绣绷放置两三天后，待绣片定型不再皱曲时，再从绣绷上取下。

二、刺绣针法范例

（一）线绣针法组

单层平绣是从纹样的两边来回运针。双层平绣是先用长针脚将花纹缝好，再转向，把打底的针脚缝绣出来，这样绣出的花纹较为立体、饱满。

平伏针法：针脚长度相同，穿 2 ～ 3 针拉一次线。

织补针法：同平伏针法一样，但正面的针脚长，反面的针脚短，每段针迹相互错开。

结子针法：要领同回针缝法，但是进行半针回缝，拉线要稍微松些。

二）茎梗针法组（图 5-1）

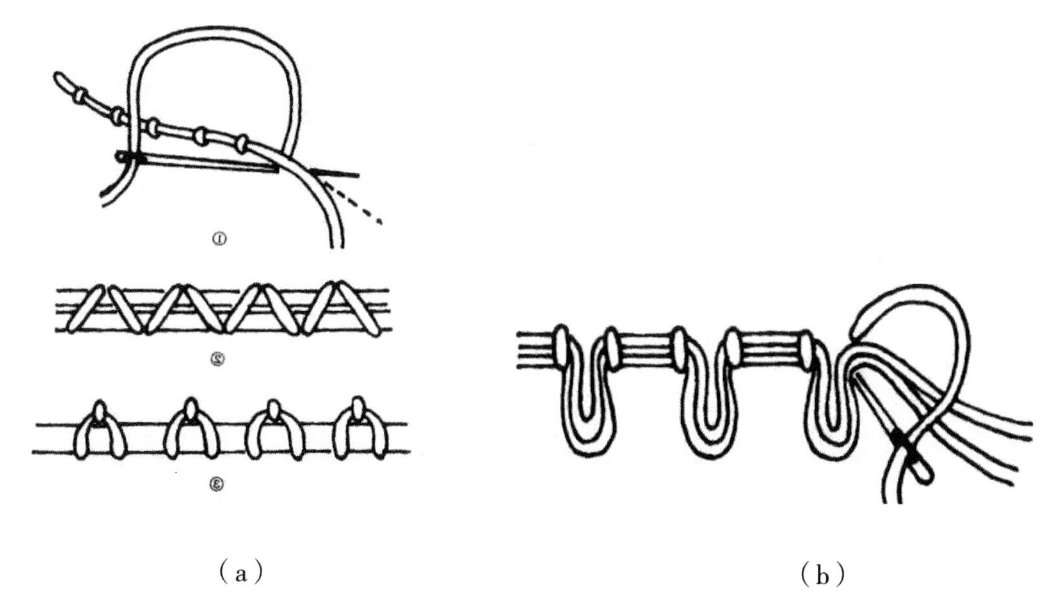

图 5–1 茎梗针法组

贴线缝针法：如图 5–1（a）中①所示，在图案线上放好粗线，然后用细线等间隔地固定。图 a 中②、③所示是固定方法的应用。

垂饰贴线缝针法：如图 5–1（b）所示，与贴线缝针法的要领相同，按一定间隔边做垂饰（流苏）边把放好的线固定。

（三）链式针法组

链式针法：如图 5–2（a）中，从 1 出针，再从 2 穿入（1、2 是相同针眼），从 3 穿出，线要环绕。以后的针迹都是从环的中间穿针，重复 2、3。注意针脚整齐，线的松紧一致。

锯齿形链式针法：要领同链式针法，针迹像锯齿形（山形）的刺绣法【图 5–2（b）】。

平式花瓣针法：如图 5–2（c）中，运用链式针法的要领从 1 进针、2 出针，3 进针、4 出针固定。

双轨链式针法：如图 5–2（d）中，从 1 出针绕线从 2 进针，再从 3 穿出，再绕线从 4 进针、从 5 穿出，然后交替重复。

加捻针法：如图 5–2（e）中，从 1 出针，把线放在针的右侧，从 2 进针，从 3 穿出，把线向箭头方向缠绕，从 4 穿人固定。

孤立加捻锁绣：如图 5–2（f）中，从 1 出针，从 1 的右横侧 2 进针，再从 3 穿出，从 4 穿人固定。

绣叶针法：如图 5–2（g）中跨线针迹如图 5–2 所示间隔刺绣。

花瓣针法：从 1 出针，从 2 进针、3 穿出，使线成环，将针插进环中，从左向右绕线，这样重复 5 次，再把针穿人 5 个环中，如步骤③图 5–2 所示挂线勒紧，再按步骤④所示从 4 穿入固定。

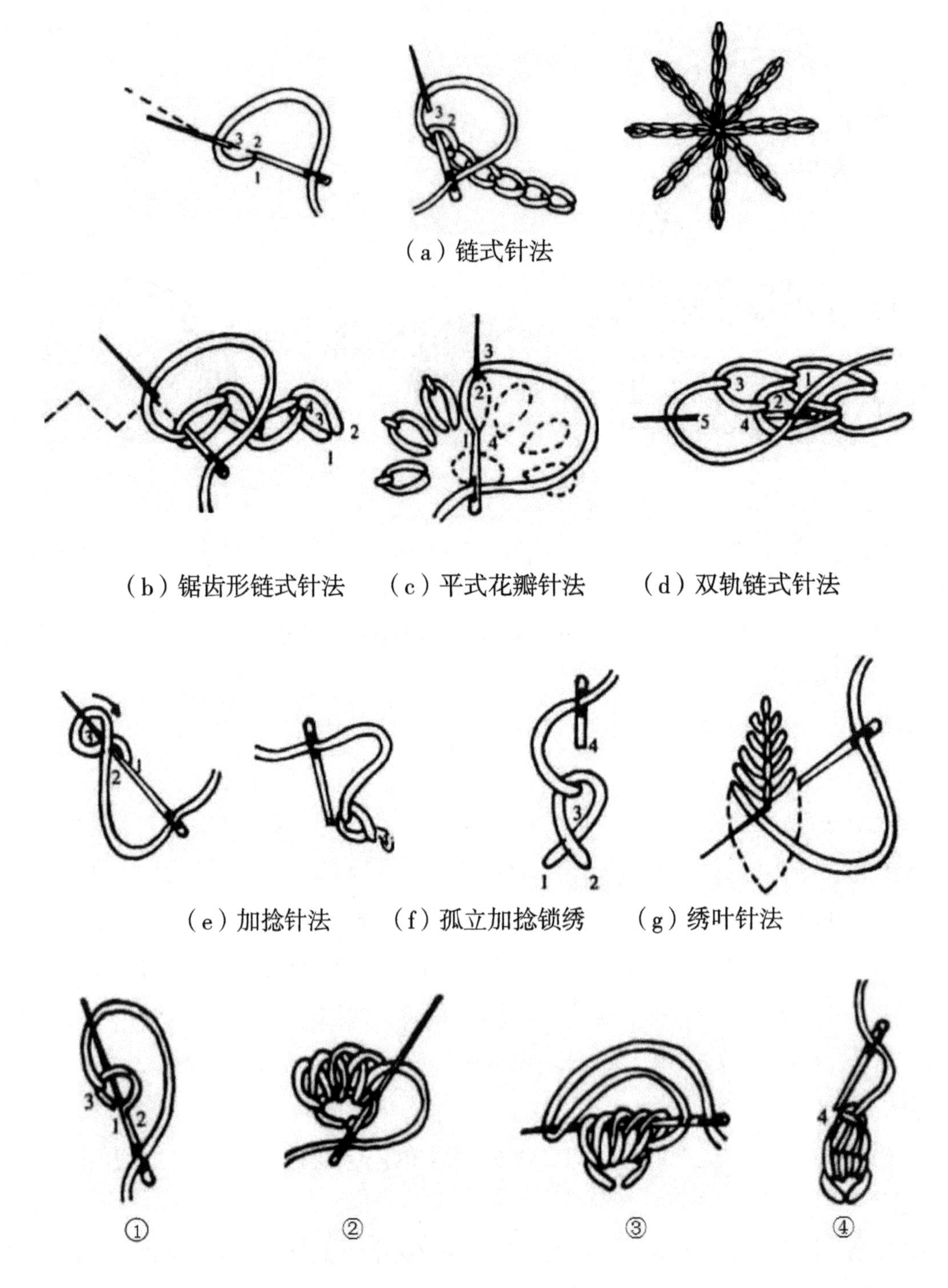

（a）链式针法

（b）锯齿形链式针法　（c）平式花瓣针法　（d）双轨链式针法

（e）加捻针法　（f）孤立加捻锁绣　（g）绣叶针法

①　②　③　④

图 5-2 链式针法组

（四）毛毯锁边针法组

锁针绣又称链针、锁花、扣花、套针等。刺绣时将线圈一环套一环地形成链状，根据针法的走向、扭曲、反向缝等变化，可以绣出开合锁针、闭合锁针、双套、单套、扭形锁针、锯齿锁针等。如果绣时加入芯绳，便可绣出包芯锁针（图 5-3）。

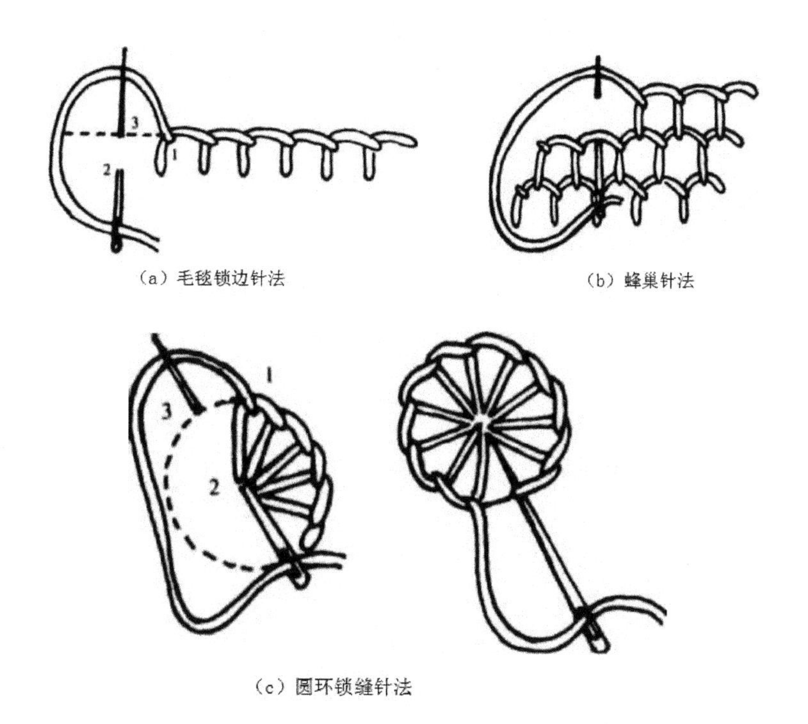

（a）毛毯锁边针法　（b）蜂巢针法

（c）圆环锁缝针法

图 5-3 毛毯锁边针法组

毛毯锁边针法：把针从图案线的 1 拔出，再从与图案线成直角的 2 插入、从 3 拔出，线环绕针从右向左刺绣。

蜂巢针法：第一行采用毛毯锁边针法，线微松，以后各行如图 5-3（b）所示，一边呈蜂巢状（六角形），一边互相交替地刺绣。

圆环锁缝针法：用毛毯锁边针法，按圆环形刺绣。从 1 出针，从圆环中心 2 进针，再从 3 穿出，线松紧适度、放射状地刺绣。最后，按图 5-3（c）中步骤②所示把针穿入起始线下，从中心插入，在反面固定。

（五）羽状针法组（图 5-4）

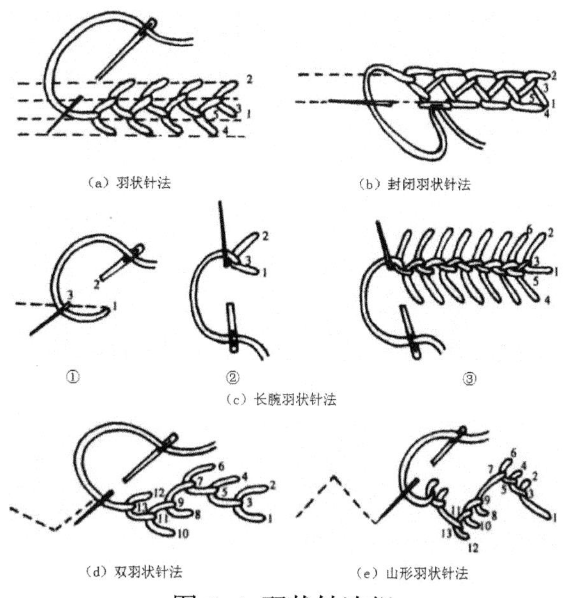

（a）羽状针法　（b）封闭羽状针法

①　②　③

（c）长腕羽状针法

（d）双羽状针法　（e）山形羽状针法

图 5-4 羽状针法组

羽状针法：【如图 5–4（a）】以线极宽的 1/3 处为基准，从 1 出针，线从上侧 2 进针，从 3 穿出拉线，再从 4 进针、从 5 穿出，3 和 5 是斜向走针，如此上下交替连续刺绣成羽毛状。

封闭羽状针法：[如图 5–4（b）] 中运用羽状针法封闭刺绣，2 ～ 3 针和 4 ～ 5 针为横向。

长腕羽状针法：[如图 5–4（c）] 采用羽状针法，按顺序号刺绣，3 和 5 的位置在中央，且间隔缩短。

双羽状针法：采用羽状针法，按顺序号斜向上、下两次，交替反复刺绣。

山形羽状针法：是羽状针法的变形，如图 5–4（e）中所示分别斜向上、下三次，交替反复成山形的刺绣。

（六）人字形针法组（图 5-5）

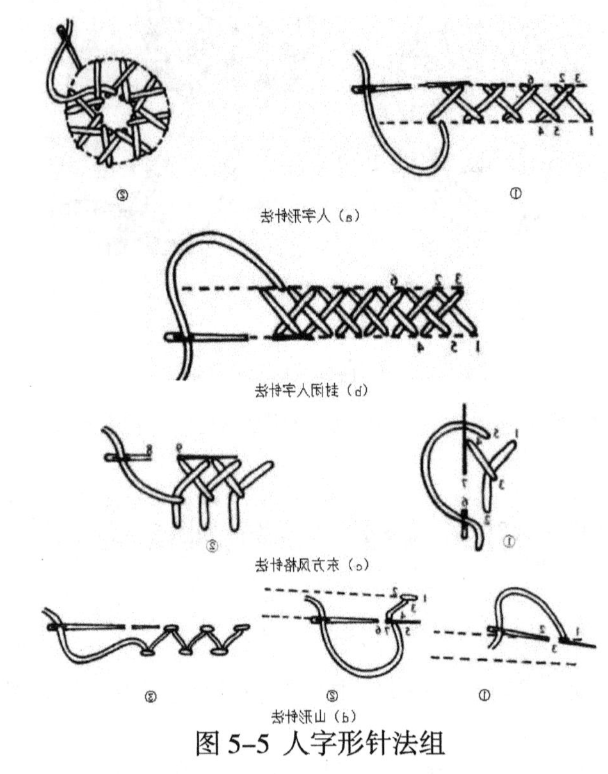

图 5–5 人字形针法组

人字绣以其图形外观如人字形而得名。缝绣时从右向左横穿布料，线迹自左向右上下交叉行针。根据不同的行针方法，可绣出不同外观的绣迹。在人字绣针脚上绕线穿绕可形成绕线人字绣。

人字形针法：如图 5–5（a）中所示，针从右向左横向出针，整体针迹是从左向右上下交替重复刺绣的；图②所示是圆形人字形针法的刺绣方法。

封闭人字针法：[如图 5–5（b）] 采用人字形针法，封闭刺绣。

东方风格针法：[如图 5–5（c）] 从 1 出针，从 2 进针、3 出针，拉线微松，再从 4 进针、从 5 穿出，如此从左向右不断刺绣。

山形针法：[如图 5–5（d）] 如锯齿形针迹的刺绣，但两端不交叉，以短针迹重叠。

（七）十字形针法组（图 5-6）

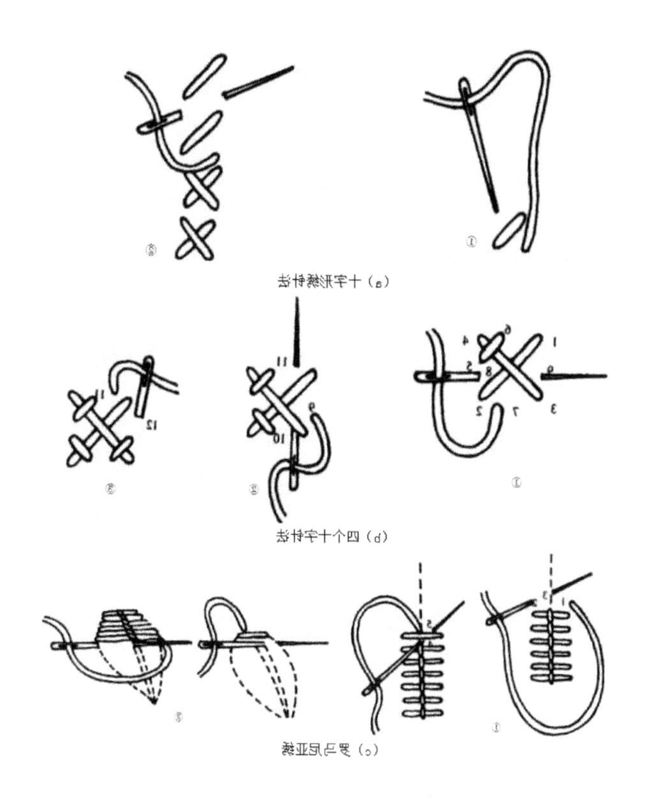

图 5-6 十字形针法组

十字绣又称十字挑花绣。行针为垂直交叉或斜向交叉，针脚可为散点分布，也可连成片，用不同的颜色分布图案。在纵横网线上绣出十字花纹，可形成网状十字绣。

十字形绣针法：如图 5-6（a）按步骤①所示的 X 形交叉刺绣技法。交叉线的上下重叠要整齐一致。

四个十字针法：如图 5-6（b）如图所示，四个为一组的十字形刺绣针法。

罗马尼亚绣：如图 5-6（c）中①所示的 1 ~ 2 为横线，从其中央 3 出针，从 4 穿入固定横线，如此反复进行。②所示为从线的中央用短斜针迹固定成为叶子的形。

（八）结式针法组（图 5-7）

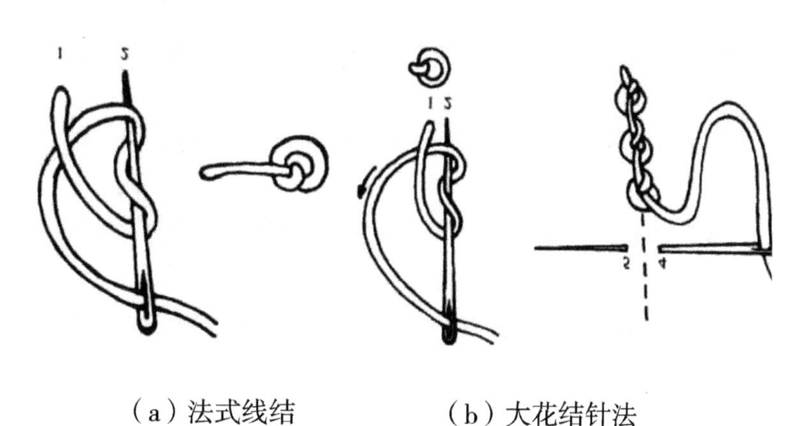

（a）法式线结　　（b）大花结针法

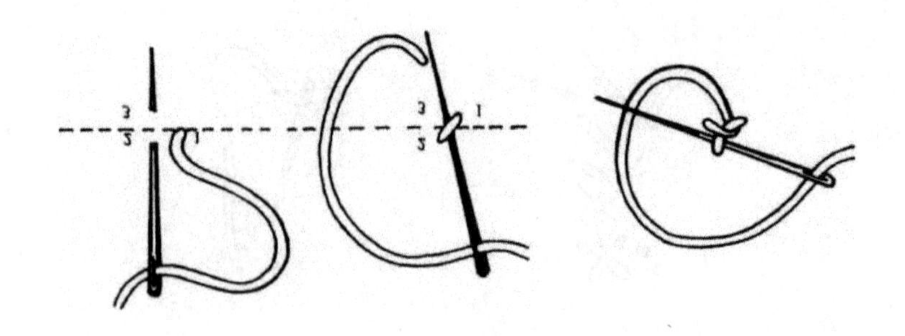

（c）长法式线结

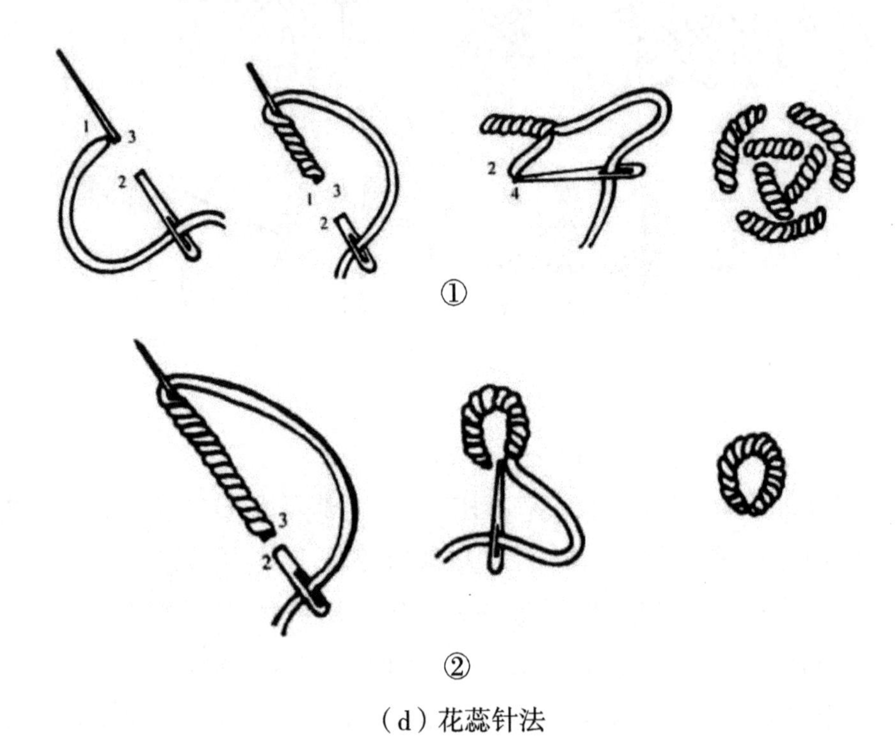

①

②

（d）花蕊针法

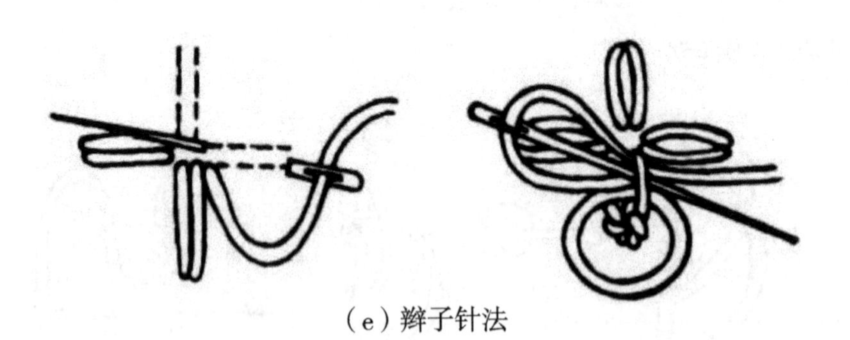

（e）辫子针法

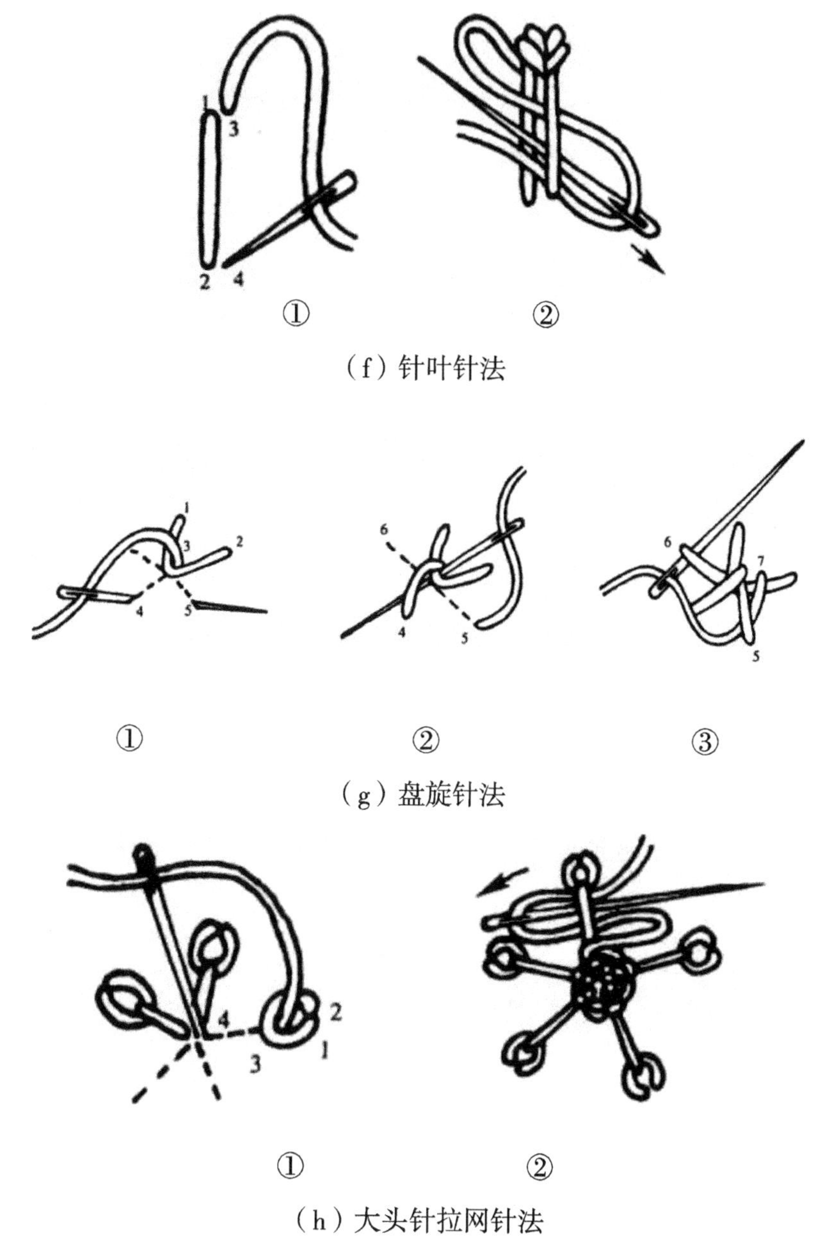

（f）针叶针法

（g）盘旋针法

（h）大头针拉网针法

图 5-7 结式针法组

结式卷线绣是装饰性较强，有一定立体效果的绣法，可根据卷线圈数多少绣出不同的花型。运针时，把针刺入布层，起针前先在针上卷线数圈，然后再抽出针，形成特别的绣法。卷线的次数少，可形成颗粒形花蕊；卷线次数多，可形成花瓣形。

法式线结：如图 5-7（a）所示，形成点状线结的绣法，多用于花蕊。从 1 出针，线绕针 2~3 圈，再垂直扎入 1 的边缘 2 处，从反面拔出。卷在针上的线向箭头方向拉形成线结。

大花结针法：【图 5-7（b）】是德式花结针迹、连续刺绣的技法，但线比法式的粗且花结大。也可使用绳线刺绣。

长法式线结：【图 5-7（c）】采用法式线结的要领刺绣，只是 1 ~ 2 的间隔拉开了，也称为蝌蚪针法。

花蕊针法：如图（d）中①所示，从 1 出针，从 2 进针、3 穿出，用线缠针多缠绕几道，用左手指按住后拔出针，再穿入与 2 相同的 4，拉紧线。如蔷薇花形，针迹要呈弧线状，缠在针上的线较多。图②所示是把 2 ~ 3 的间隔缩短，缠在针上的线增多，刺绣好像从布上浮起来。

辫子针法：图 5-2（e）中①所示，从 1 出针、2 进针、3 穿出，1 ~ 2 为浮线，再用针的后头从上往下缠绕浮线，最后扎入 4 固定。图②所示是以直线针迹从中心向外侧分别用两根做十字形浮线，然后用针一根根地缠绕浮线，最后把针扎向反面固定。

针叶针法：【如图 5-7（f）】步骤①所示为直线针迹的两根浮线，针从 1 的左侧拉出，再按步骤②所示一根根地交替穿出。

盘旋针法：【图 5-7（g）】采用跨线针迹要领从 1 ~ 5 刺绣。再按步骤②所示，从 6 进针、7 穿出。从中心卷成放射盘旋状花样的绣法。

大头针拉网针法：【图 5-7（h）】采用长脚的平式花瓣针法，从外侧向中心发射状刺绣；再以长脚线为中心，采用蛛网形针法的要领进行刺绣。

（九）直线针法组（图 5-8）

直线针法：按 5-8（a）图中顺序号进出针，此刺绣方法较为简单，针迹的长短可以变化，也能自由地表现。

扇形针法：【图 5-8（b）】采用直线针法放射状展开的刺绣技法。

辐形针法：【图 5-8（c）】把直线针法从相同的针眼处放射状刺绣。

蕨形针法：【图 5-8（d）】蕨类植物形的针迹。

撒绣针法：图 5-8（e）中①像播种似的撒绣技法，短针迹的方向可变化。图②也称为点状小针迹刺绣，两根两根平行地撒绣技法。图③针迹是边相互交叉、边撒绣的技法。

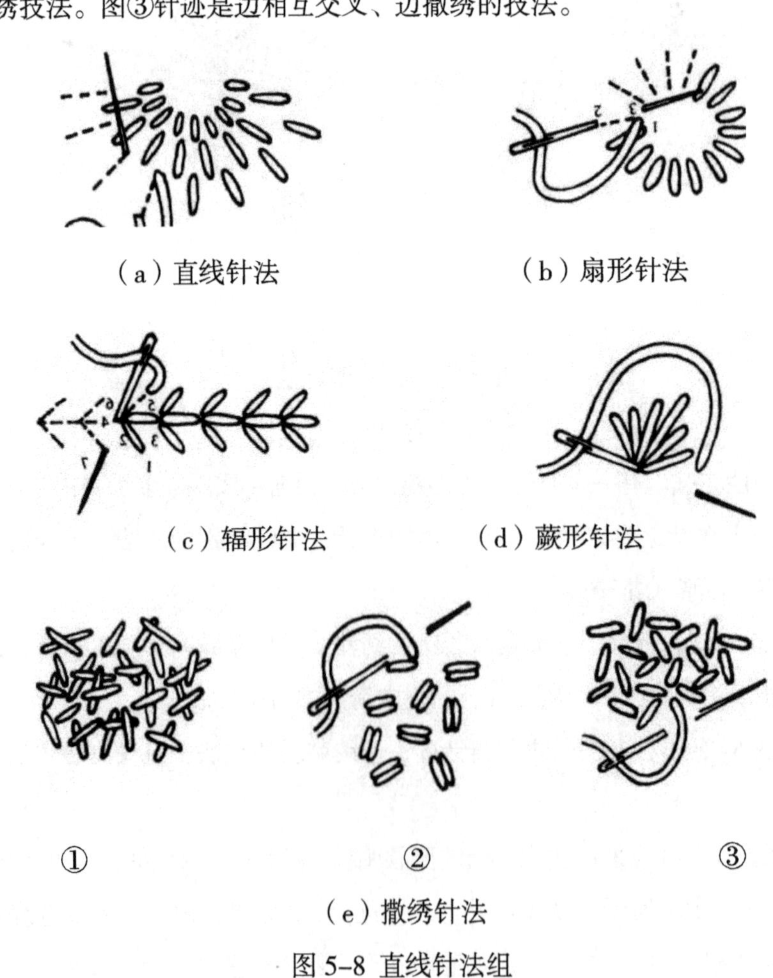

（a）直线针法　（b）扇形针法

（c）辐形针法　（d）蕨形针法

①　②　③

（e）撒绣针法

图 5-8 直线针法组

（十）缎纹刺绣组（图 5-9）

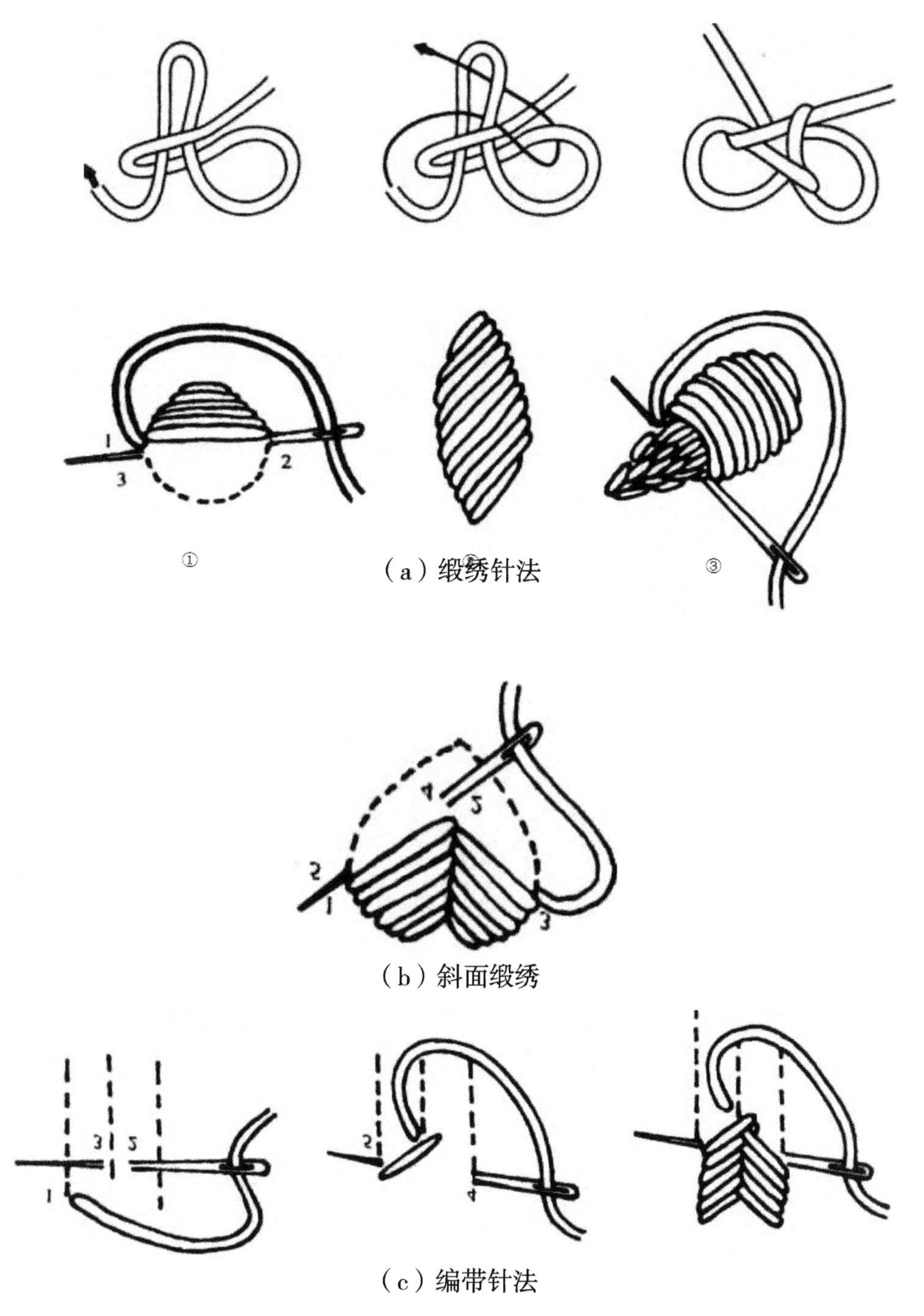

（a）缎绣针法

（b）斜面缎绣

（c）编带针法

图 5-9 缎纹刺绣组

缎绣针法：图 5-9（a）中①为盖面针迹，线与线之间平行排列紧密，看不到面料的刺绣。图②是倾斜刺绣。图③是为了使图案凸起，粗缝后再缎绣的技法，也称包芯缎绣。

斜面缎绣：【图 5-9（b）】从 1 出针，在图案中央稍偏右侧 2 进针，3 穿出。再从中央稍偏左侧 4 进针，5 穿出。在图案的中央交叉是看不见面料的倾斜缎绣。

编带针法：【图 5-9（c）】是与斜面缎绣相同的技法，线从 1 拉出，在中央稍下 2 进针、3 穿出，然后在 4 进针、5 出针，线在中央交叉刺绣。

（十一）乱针绣（图 5-10）

乱针绣行针方向看似随意但有一定的规律，针脚错综穿插，根据所绣的图形变换丝线的颜色。此针法在表现写实效果时更为合适。

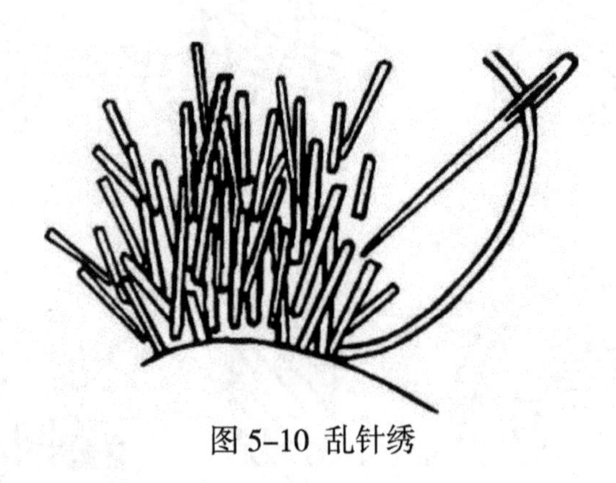

图 5-10 乱针绣

（十二）镂空绣（图 5-11）

镂空绣又称雕绣，先沿花型边缘缝绣一圈，用锁针缝绣，边缘光滑、平整、紧密。再把花型中间的布料用小绣花剪沿边缘剪去，产生镂空的装饰效果。如果花型镂空的面积较大，可采取加线补垫，用锁针绣好，把悬空的花型固定，也使较大的镂空面积稳定，产生视觉上的变化。

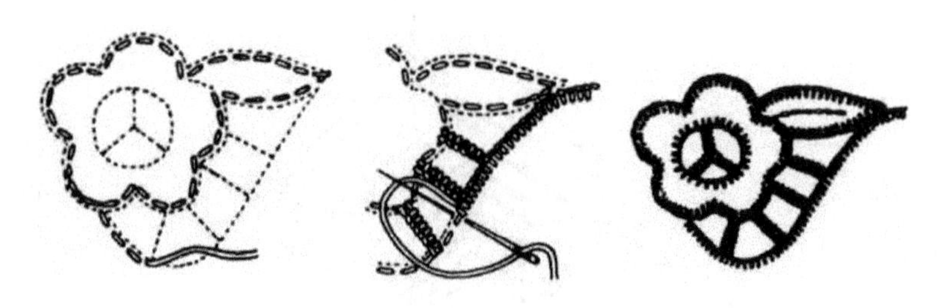

图 5-11 镂空绣

（十三）贴布绣（图 5-12）

贴布绣又称贴花、补花，就是根据所设计的图案将不同的色布剪出不同的形状贴在底布上，再用彩色线加以缝绣，有古朴、醒目的装饰性。贴布绣首先要考虑图案的整体效果和色彩搭配，根据不同的服装风格加以装饰。缝绣时注意采用锁绣、链式绣、密人字绣等不同的针法，不要让布的毛边露在针脚外。有的贴布绣可在局部完成后再用小绣花剪沿花纹剪空，也可进行多层次的贴绣。

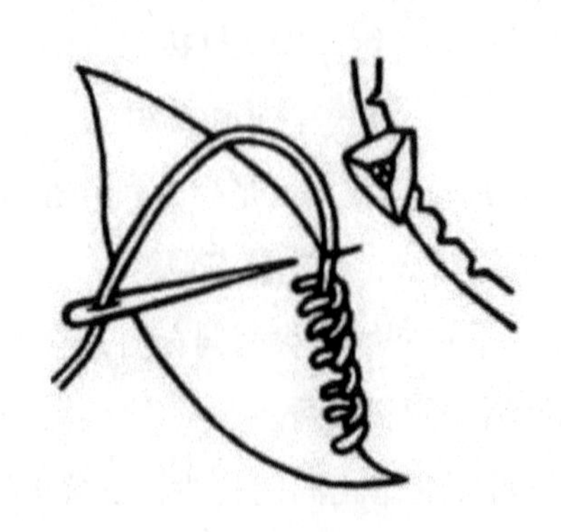

图 5-12 贴布绣

（十四）褶饰绣

褶饰绣是将面料经过折叠、收缩后用彩色线缝绣，也可边缝边捏合出褶形，形成特定的立体花纹。常用于衣服的前胸、袖口、袋口等处，在童装、晚礼服上应用较多，装饰性强。褶饰绣技法非常丰富，根据设计的需要，可采取平整叠褶后缝绣、花纹褶绣、绞花褶绣、波形褶绣、羽状褶绣等多种方法。

另一种褶饰绣是先将衣片均匀地画上格子，标上记号，再根据一定的规律进行横向或纵向的缝合，线迹留在衣片的反面，缝合时注意用力均匀，使褶饰表面平整光洁。

褶边也是褶饰绣中一种重要的装饰，是缘口收紧、缘摆处放开的形式，有规则收缩和随意收缩的方式，在服装中多用。

（十五）珠绣

珠绣是用金属、宝石、玻璃、珍珠、贝壳、塑料等材料制成的颗粒状或片状饰物缝钉在衣服或面料上形成图案的装饰方法，有较强的装饰性。颗粒状饰物常为球形、管形、片状、水滴形、花虫形等，穿孔并用细线或钩链串连。特点是精致、华贵、富丽，多用于晚礼服及日常服中的针织服装。

珠绣缝制的要求较高，要掌握各种珠管或亮片的特点，把握好行针方法和距离，一粒粒地串缝，用力均匀，线迹留在衣片的背面。结合服装款式的风格和特点，珠饰可用于满地装饰，也可用于局部装饰。满地装饰要考虑不同部位的疏密关系、图案关系和色彩关系，做到整体协调，布局合理，美观亮丽。局部装饰应考虑突出服装的主体，可在前胸、领、肩、腰、袖等部位进行装饰，以达到引人注目的视觉效果。

第六章 编结

第一节 编结的起源与发展

手工编结是以一段或多段细长条状物弯曲盘绕、纵横穿插组织起来的。运用不同的原材料和不同的编结方法可形成各具特色的饰品。

手工编结是广大劳动人民智慧和力量的结晶，它的历史几乎与人类史同样久远。早在上古时期，原始人尚处在茹毛饮血的生存状态下，当他们采来草、藤、竹，将其拧扭交叉，用于穿系、捆扎果实、猎物时，最原始的编结就产生了，从使用绳结捆绑制造弓箭、石枪等工具，到用绳编结成网捉鱼捕鸟；从编制筐席柳锅，到后来再制作成御寒的网衣等，编结被大量使用于一系列的劳动生产和日常生活中。同时，材料也由原来的兽皮、兽筋、草藤发展到利用植物的表皮。

在文字产生以前，为了表达思维和记事，刻划记号和结绳记事便成为行之有效的手段。《易·系辞下》说："上古结绳而治，后世圣人易之以书契。"同时，对于结绳的方法，古代典籍中也有描述。唐代李鼎祚的《周易集解》引虞郑九家易说："古者无文字。"又说："事大，大结其绳。事小，小结其绳。结之多少，随物众寡。"可见，古时的结绳记事之法对当时的社会和生活起着重要的作用。

随着人们生产、狩猎等活动的增多，结绳的方式也愈加复杂。实际上，不仅中国古代有结绳记事，世界上还有许多民族都有结绳或类似结绳的时期。如南美洲的秘鲁人，往往用不同颜色和长短不 一的绳子打成各种各样的结来记录不同的事情，记事的绳结色彩艳丽、结式多样，有的甚至长达数十米。

然而，结绳毕竟有它的局限性，最终为其他记事方式所取代。而人们从中得到记忆、标识、审美等方面的启示，形成了一种专门的艺术形式。许多民族和地区的结绳记事时期都在纪元前或迟或早地过渡到文字时代。有趣的是，美洲的印加帝国，在16世纪40年代灭亡之前，虽然在许多方面都取得了很大的成就，如已会使用某种麻醉剂，在水利工程、道路工程、采矿、房屋建筑等方面闻名于世，但还处于结绳记事的阶段，这不能不说是个奇特的现象（图6–1）。

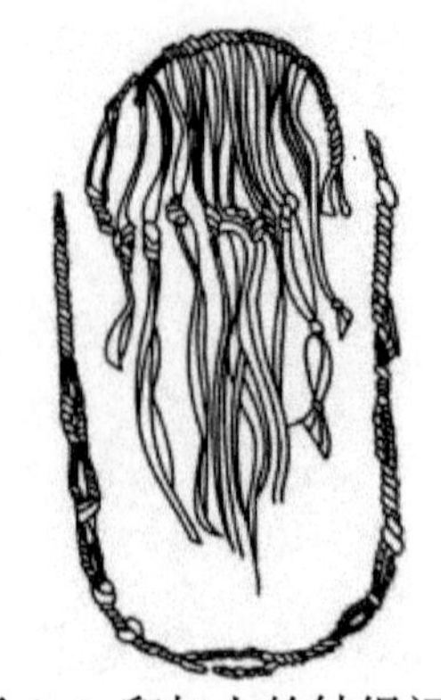

图6–1 印加人的结绳记事

编结物在长期的社会实践中逐渐引发人们的审美关注，使编结日益显露出其审美内涵。如印第安人制作的裹腿穗饰是将动物皮切割成长条状，按照一定的规律将皮条逐一打结，有的还在打结处穿上玻璃珠或骨珠，裹腿穗饰在腿的外侧随意垂下，产生一种独特的装饰效果。在我国出土的新石器时代陶器上，就发现了不少以“八字纹”“辫纹”“缠结”和“棋盘格”等各种编织图案装饰的纹样。春秋战国时期，编织物已相当精细并被运用到服饰上。如山西侯马出土的陶范，河南信阳出土的彩绘木俑，湖北江陵出土的系带、腰带等，都可看出当时的编结风格及熟练的技巧。唐代和宋代是我国文化艺术发展的一个重要时期，在此期间，编结被大量地运用于服饰和器物中，呈明显的兴起之势，唐代铜镜的双鸾衔同心结纹样，宋代的狮子滚绣球砖刻，都生动地再现了当时编结的应用及发展。

明清时期，我国编结技艺发展到更高的水平，这一时期的编结饰品几乎涵盖了人们生活的各个方面。在轿子、窗帘、彩灯、帐钩、折扇、发簪、花篮、香袋、荷包、烟袋、乐器、画轴等物品上，都能看到美丽的花结装饰。其样式繁多，配色考究，名称巧妙，令人目不暇接，由衷赞叹。清代著名文学家曹雪芹在《红楼梦》第三十五回中有一段“黄金莺巧结梅花络”的描写，描述了“一炷香”“朝天凳”“象眼块”“方胜”“连环”“梅花”“柳叶”等众多名目及结子的用途、饰物与结子颜色的调配等。从中可见清代编结方法之多，纹样之丰富。

到了现代，随着社会工业文明的迅速发展、全球经济一体化的大趋势，逐渐形成强势文化对弱势边缘文化的侵蚀，以致许多传统的民间工艺迅速衰退，其中也包括编结饰品，有些编结技艺在20世纪70～80年代几乎到了失传的境地。所幸的是，民间的一些老人仍保留了部分编结的制作技艺。经过人们长期的总结、发展，现代编结艺术早已不是简单的传承，它更多地融入了现代人对生活的理解和诠释，在所用材料、色彩、编结方式、造型等方面也更加讲究装饰性与艺术性，从而使这一古老的民间工艺美术展现出更加多姿多彩的光芒。

编结之所以能够成为一门艺术，是因为在长期的发展过程中，人们逐步认识到它的装饰美感，从编结的结式中体验到艺术美的精华。它凝聚了历代劳动人民的聪颖、灵巧和艺术智慧，赋予平直、单调的绳线以深刻、丰富的艺术内涵。人们通过一个个结式，或表达思想情感，或寄托自己的希望，或祈求得到幸福安宁，更多的是展现装饰美感。一个个绳结、一幅幅图案使得民间工艺美术展现出多姿多彩的世界，让人们从中享受到它的情感、美丽和温馨。

第二节　编结的制作材料

古老的手工编结多以自然界中存在的或略经加工的材料为主，如植物的藤蔓、纤维，动物的筋、皮等物，经过卷磨、锤打等工艺处理，使这些编结材料具有柔软、牢固、可塑性强、便于编结固定等特点。然而，随着艺术观念的发展变化及科技的进步，人们对于编结材料的选择范围也在不断拓展。一般情况下，将材料分为天然纤维和化学纤维两大类。不同的纤维材料性能各异，熟悉并了解材料的性能是创作的基础，下面是一些常用的材料及其性能的分类介绍。

一、天然纤维

1. 棉

棉具有保温性能好、吸湿性强的特点，对碱有抵抗力，耐光性差，对染料具有良好的亲和力。棉纤维是传统编织物的常用材料。

2. 麻

麻具有韧性，强度很高，不易腐烂，吸收、散发水分快等特点，因此有凉爽感。但对染料的亲和力比棉低，经染色后手感硬挺舒爽，有光泽，常与吸光性较强的羊毛混合编织。

3. 羊毛

羊毛具有细软而富有弹性、保暖、吸尘、坚韧耐磨等特性，抗酸力强，对染料的亲和力很强，染色后色泽沉着纯正，纤维质地具有温暖、厚重的感觉。但在阳光下长期暴晒会泛黄而失去光泽。

4. 丝

丝有较好的强伸性，细而柔软、平滑，富有弹性、色泽好，染色后色泽更加漂亮，吸湿性能好。但耐光性较差，久晒易老化、变质，不耐碱。

5. 皮革类

皮革具有良好的柔软性、延伸性和抗撕裂强度，纤维紧密，吸湿性和透气性强，其丰满性和弹性也较好。但厚薄不十分均匀，表面会有一些伤残，光滑度不一致。

6. 竹、藤、草类

竹、藤、草类均是自然界的天然纤维材料。这类材料比较缺乏韧性和柔软度，但经过加工处理后，常可用于编结艺术作品（图 6–2）。

（a）欧洲阿尔卑斯山雪鞋

（b）蒙堪纳斯—纳斯科皮人雪鞋

图 6–2 编结的雪鞋

二、化学纤维

1. 黏胶纤维

黏胶纤维俗称人造丝，其纤维性质接近于天然纤维，具有手感柔软、光泽明亮、透气吸湿性好、易染色、防虫蛀等特点，但具有湿强度差、易变形起皱等缺点。

2. 涤纶

涤纶（聚酯纤维）具有挺括、保形性及回弹性好，抗皱性、耐热性高的特点，但其染色性、透气性差。由于其表面十分光滑，纤维之间或纤维与金属之间的摩擦系数很大，因而易产生静电。

3. 腈纶

腈纶（聚丙烯腈纤维）的性能近似羊毛，故有合成羊毛之称。腈纶以短纤维为主，可以纯纺，也可以和羊毛及其他纤维混纺，具有绝热性能好、手感柔软、不易老化、膨松性好、保暖性好的特点。但其吸湿性、耐磨性能较差。

4. 锦纶

锦纶又名尼龙。其化学结构和性能与蚕丝相似，有很好的弹性，比重轻，强力高，拉力大，耐磨性优于其他纤维，且防蛀耐碱，但透气性和耐热性较差。

5. 合成革

合成革表面光滑、厚度均一、质地均匀，不易吸水，断面均匀，抗水性能、耐酸碱抗霉菌性能好。但具有不宜适应环境温度、易老化、坚牢度低、不耐用等缺点。

6. 金银线

金银线一般是由铝片黏附在涤纶薄膜上，外面涂上透明的保护层，经过切片后卷绕而成，具有光泽强烈、华丽高贵的特点。

另外，还有金属质地的线、绳（钢丝、铁丝、铜丝等），在特殊的场合中也可用于编结。

第三节　编结的制作工艺

编结技法是编结设计成型的手段，创作时对工艺技法的选择运用是根据总体设计的需要进行综合把握的，这就需要制作者对编结的技法有一个总体的认识和了解，并进行广泛的积累，以便于进行创作。编结技术是一门古老的工艺技术，几千年来，民间编织艺人继承和发展了我国编结工艺的优良传统，创造出极为丰富的工艺表现形式。现将其分为编和结两个部分进行简要介绍。

一、编的技法

编的材料很丰富，编的技法也是多种多样且灵活自如的，不受工具的限制，常见的有挑压法、编辫法、绞编法、收边法、盘花法等。

（一）挑压法

挑压法是编织平片结构产品的基本方法，也是其他编织法的基础。编辫法、绞编法、收边法等都由挑压法派生而来。

挑压的基本方法是以编织材料做垂直或斜向经纬交叉，互相挑压编织成面。可以直接编成制品，也可以借用模子编织。

挑压法的基本编织规律是：挑→压→挑→压。

因为互相挑压的编材根数和方法不同，形成了多种平编法，有压1挑1（或简称压1），压1挑2、压1挑3等多种方法。

具体操作步骤如下：

（1）将做经线的编材根端与梢端相间紧密排列平铺于台面上，下面根端用木条压住。

（2）右手用竹尺自右往左压1挑1至左边最后1根，然后将竹尺竖起，右手拿做经线的编材穿过，再用手指将纬材往下面根端扣紧。

（3）抽出竹尺，再做与第1根纬材上下相反挑压编织第2纬材，如此反复渐进，便是压1挑1的纹样。

其他平编法如压1挑2、压2挑2或压1挑3等均与此法类似（图6-3），只是每加编一根纬材要注意与前一根编纬隔1根经或隔2根经（即错开），使之成为“人”字纹样。

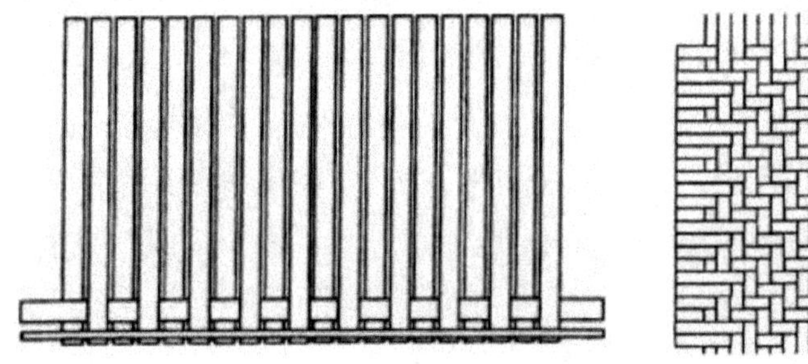

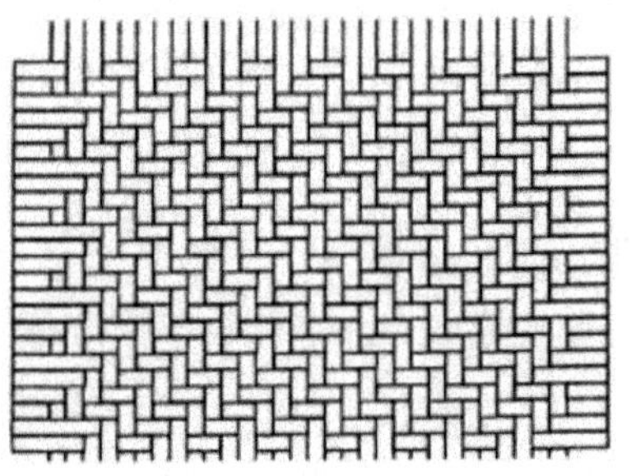

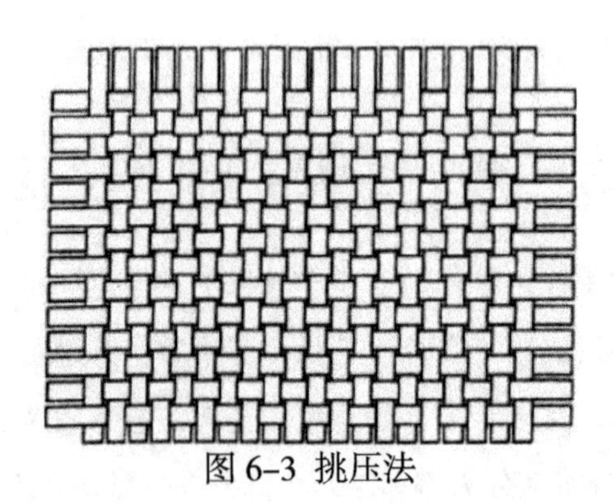

图6-3 挑压法

（二）编辫法

编辫的基本方法是将若干根编材的一端扎住或固定后，边上的编材分别往中间折，互相交叉挑压。

编辫法的基本编织规律是：（左）折→挑压→（右）折→挑压。

因编辫的股数和挑压的方法不同，形成了多种编辫法，有三股辫、四股辫、五股辫、七股辫、宽辫、孔辫及多股圆辫等。编辫大部分呈扁平形，容易加工缝钉或再编织制作成各种手工制品。

1. 三股辫

具体操作步骤如下：

（1）将三股绳的一端扎住后，左右分开成三股。

（2）将左边的一股向右折，压中间一股，替换中间一股的位置。

（3）将右边的一股向左折，压中间一股。

如此左、右向中间折压编织，如同编发辫一样（图 6–4）。

2. 四股平辫

具体操作步骤如下：

（1）将四股绳的一端扎住，并按顺序展开。

（2） 最右边一股绳向左折挑 1。

（3）最左边一股绳向右折压 1。

（4）左、右两股绳在中间交叉，右绳压左绳。

再将右边绳向左折挑 1...... 如此反复循环折压编织（图 6–5）。

3. 多股平辫

其他多股平辫的结构图如图 6–6 所示。

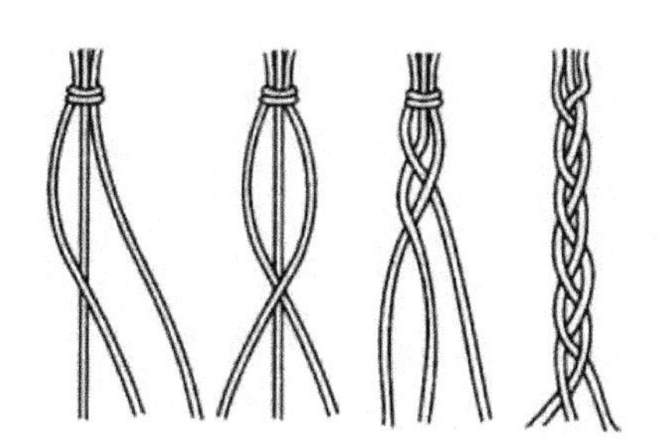

图 6–4 三股辫

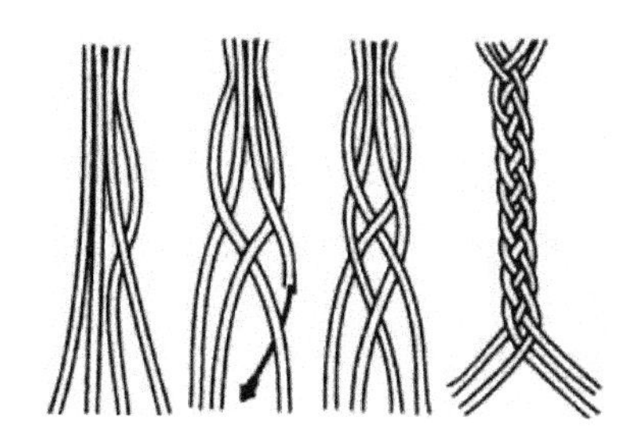

图 6–5 四股平辫

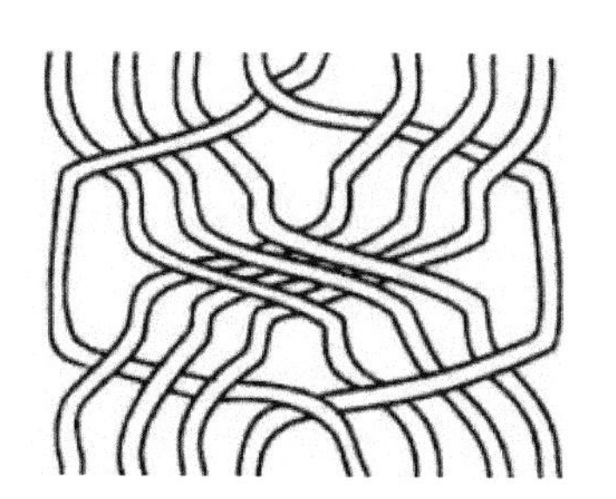

（a）八股平辫

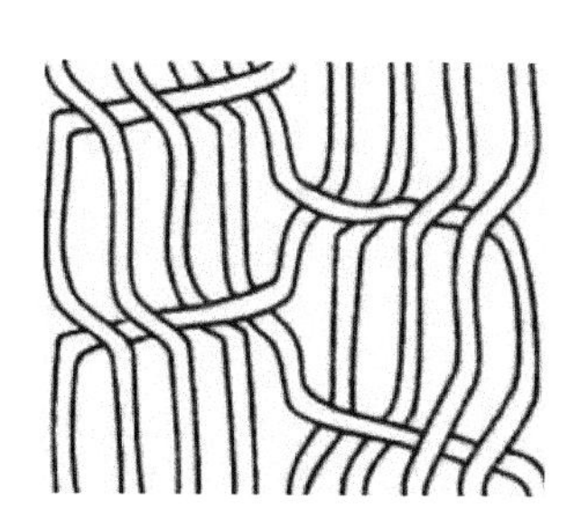

（b）九股平辫

（c）五股平辫

图 6–6 多股平辫编结法

（三）绞编法

绞编法是以一股或双股绳为一组做横向编织的纬线，与固定位置的经线做交叉编织。编时两股同时向经线挑压（即 1 股挑，1 股压），然后将两股纬线绳交叉相绞，这种编法可制成各种圆筒形的筐、篓等。

绞编法的基本编织规律是：挑压→绞→挑压→绞（图 6–7）。

（四）收边法

收边法也称锁边，是使编织物边口加固不松散的方法。常用的有折塞边、辫子边等，其基本方法是折转、挑压或塞头。

收边法的基本编织规律是：折→挑压→折→挑压。

各种绞编的编结物一般都采用折塞边收口。其编织规律是：扭头→挑压（图 6–8）。

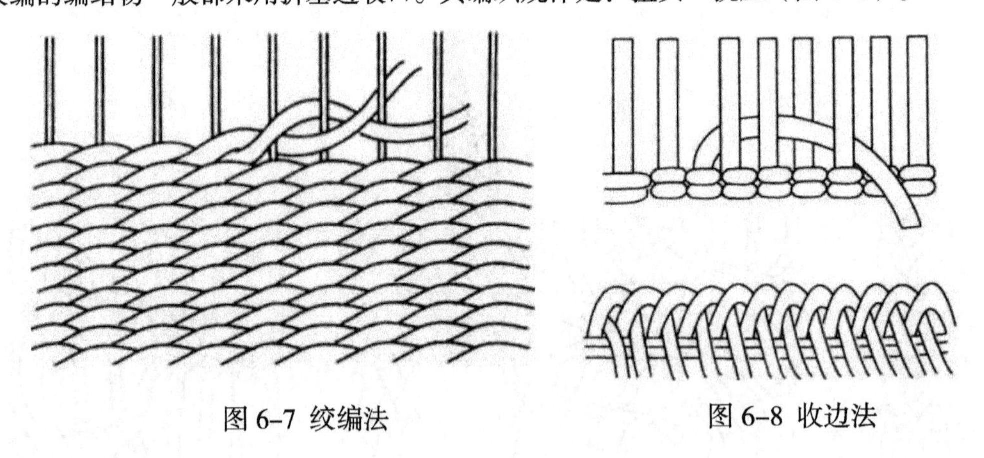

图 6–7 绞编法　　图 6–8 收边法

（五）盘花法

盘花法是指根据设计将线绳进行盘绕，使线绳相叠、相切形成所需的形状，再进行缝钉。

盘花法的基本制作规律是：盘→缝钉→盘→缝钉（图 6–9）。

缝制时要尽量做到看不见接缝。一般来讲，应在盘花的背面缝线，缝线的颜色要同盘花绳线同色，针脚要细密。

图 6–9 盘花法

二、结的技法

结是由古代结绳演变而来的，是通过线的穿插盘绕形成线与线之间的搭配结构。只要去了解它，就会发现它是有规律的。通常它是由数个最基本、最简单的结式构成，运用这些基本结式进行变化组合、高低叠起、交错盘结，就可以制作出风格独特、造型别致的工艺品。因此，只要掌握了最基本的结式和基本编结法，就可以得心应手地加以创作和应用，编出新的结式和新的作品来。

（一）基本结和变化结

基本结是结的基本结法，既可以自身变化，也可以与其他结一起应用，是最常见而用途广泛的结。最常见的基本结有云雀结、平结、双结、双钱结、酢浆草结、纽扣结、盘绕结等。

变化结是在基本结的基础上变化出丰富的结式。

1. 云雀结

云雀结是编结中最简单多见的结式之一。常用此结作为编结的开始、挂绳所用（图 6–10）。

云雀结的变化结式有圆形编结、花环编结等。

（1）圆形编结：将绳绕成大小合适的圆环形，然后用绳的其余部分在圆环上均匀地编结云雀结，直至将圆环编满（图 6–11）。

（2）花环编结：将绳结成大小合适的圆环形，然后用绳的其余部分在圆环上均匀地编结云雀结，在结与结之间的部分留出空间，将圆环编结满后便形成一个美丽的花环（图 6–12）。

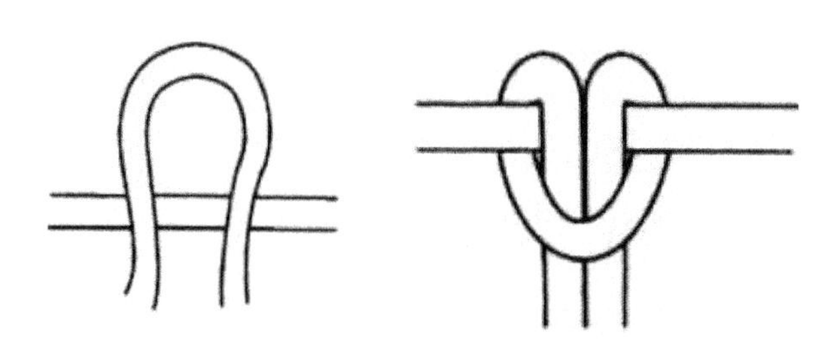

图 6–10 云雀结

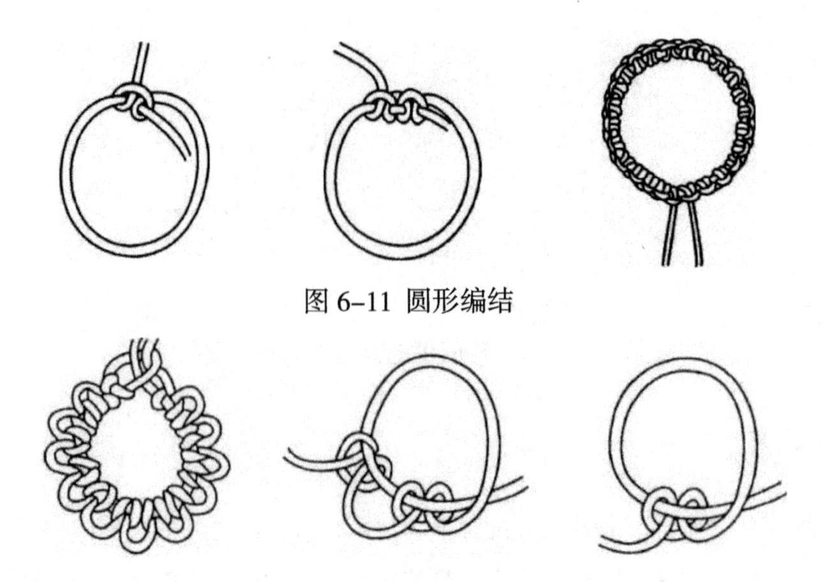

图 6–11 圆形编结

图 6–12 花环编结

2. 平结

平结是一个很古老的结，有平等、平和之意。此结由两根绳组成，结好后呈扁平状，其应用非常广泛（图 6–13）。

平结的变化结式有变化平结、交错平结等。

（1）变化平结：先编一个基本平结，在编结第二个平结时，将结的左右两端轻轻拉出，形成变化。基本平结与变化平结交错出现的比例不同以及多条平结的组合应用，都能产生各不相同的艺术效果（图 6–14）。

（2）交错平结：将基本平结连续编结，利用多股绳线的穿插变化，产生网状的立体效果，可呈现出多种编结风格（图 6–15）。

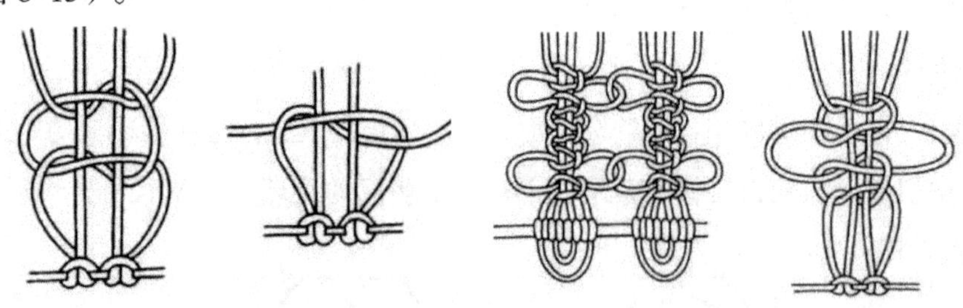

图 6–13 平结　　图 6–14 变化

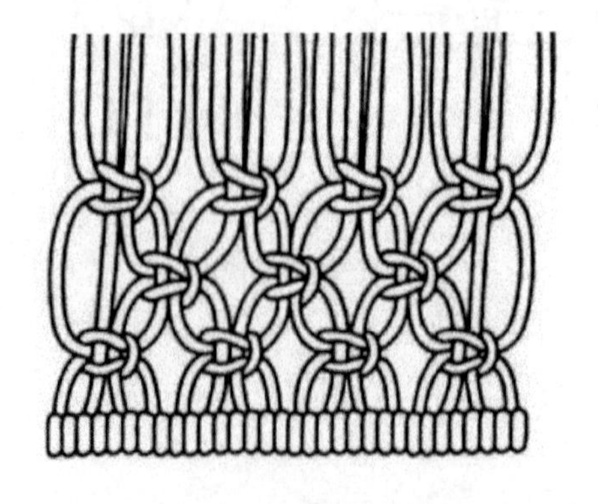

图 6–15 交错平结

3. 双结

双结是连续编绕两次所形成的结，多用来绕紧已打结的绳索，以防滑脱及松散（图 6–16）。

双结的变化结式有“之”字形双结、叶片形双结等。

（1）“之”字形双结：先制作好一排水平的双结，然后将芯绳折回，其他绳再绕芯绳分别进行双结的编结，即形成“之”字形（图 6–17）。

（2）叶片形双结：先将最右边的绳作为芯绳，弯成叶片样的弧形，其他绳绕芯绳打双结。叶片下半个弧形仍用最右边的一根绳作为芯绳，然后其他绳绕在上面打双结。完成后就形成一片叶子的形状（图 6–18）。

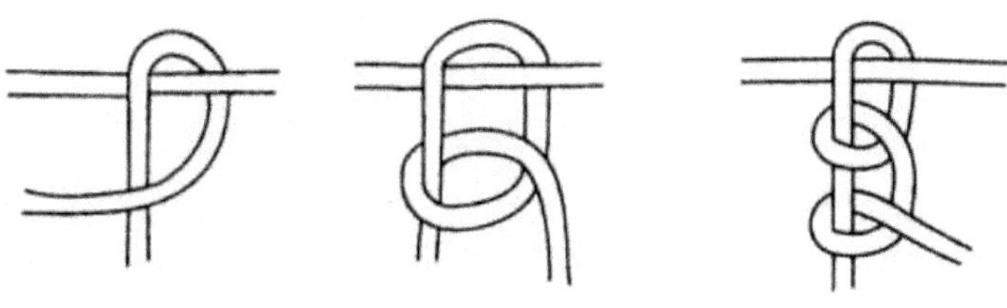

图 6–16 双结

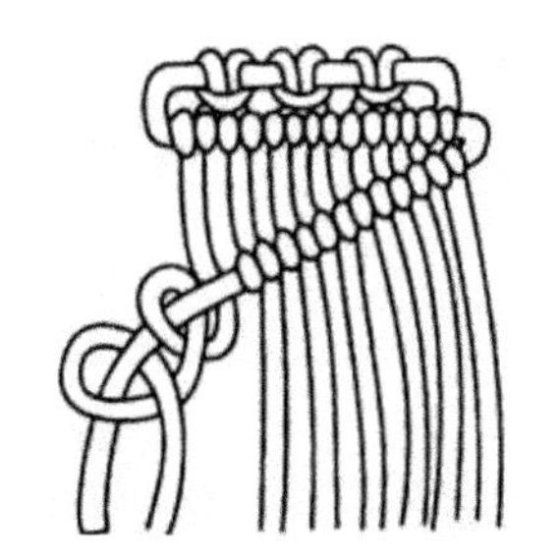
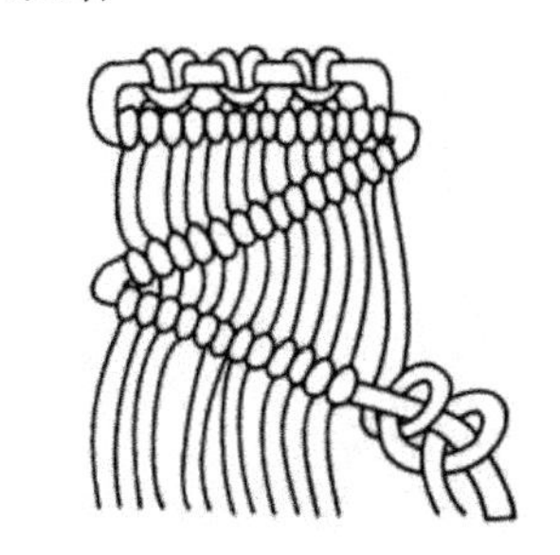

图 6–17 “之”字形双结

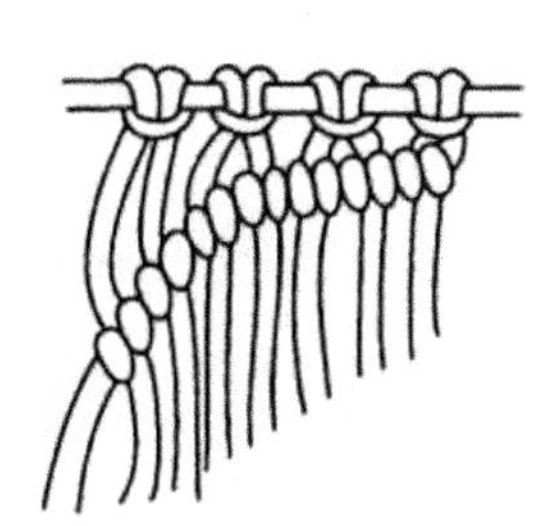
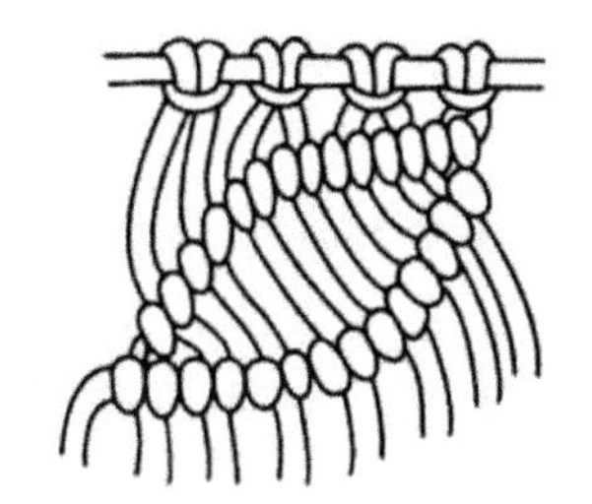

图 6–18 叶片形双结

4. 双钱结

双钱结因形似两个铜钱相套而得名。造型对称、平稳、不易散开。双钱结用途很广，可以组合成很多变化结，也可单独做装饰结（图 6–19）。

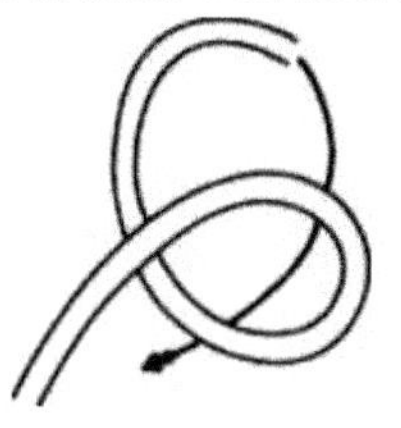
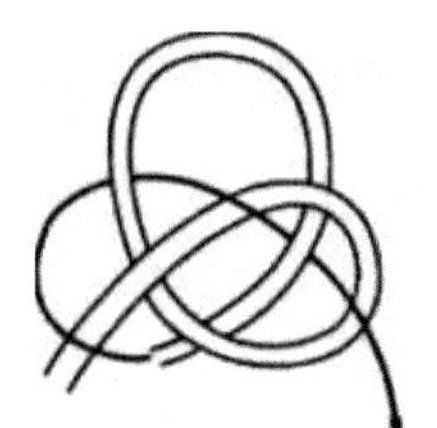

图 6–19 双钱结

双钱结的变化结式有双钱宽结、双钱长结、四环连结、袈裟结、释迦结、笼目结和十全结等。

（1）四环连结：此结是在双钱结的基础上发展而成的。结式特点是四个圆形相互套叠，环环相扣，可以双重、三重或多重编结，并将结头隐藏在结式的夹缝中（图 6–20）。

图 6–20 四环连结

（2）袈裟结：此结由双钱结变化而成。结式的外观呈圆形。袈裟结编结简便、美观，用途非常广泛。先编结出一个双钱结，重复打结形成环状，编结时可用珠针固定以防脱散（图 6–21）。

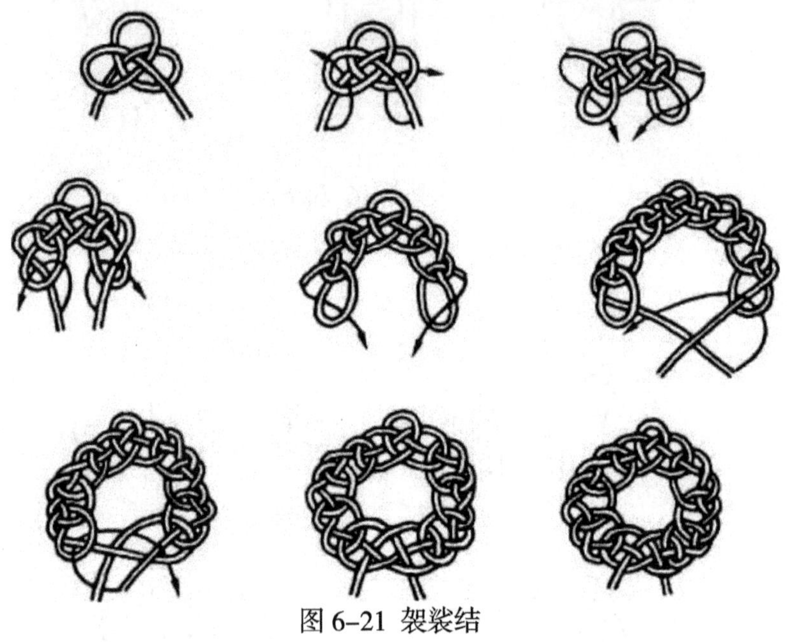

图 6–21 袈裟结

（3）释迦结：释迦结是中国古老的结式之一，由双钱结变化而成。编结方法简便快捷，美观实用。先编一个松散的双钱结，将两头绳尾从环中退出，用珠针钉住，绳尾交叉后按图穿编，逐渐整理成形（图 6–22）。

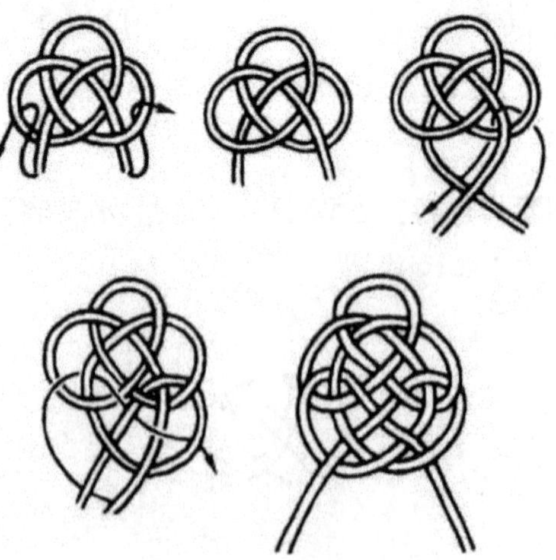

图 6–22 释迦结

（4）笼目结：笼目结也是双钱结的变化结式。先编一个双钱结，将中心环收紧，两根绳尾交叉后分别穿进两侧的环中，收紧即可。还可以顺着绳的走向反复穿插，形成双重或多重的效果（图 6–23）。

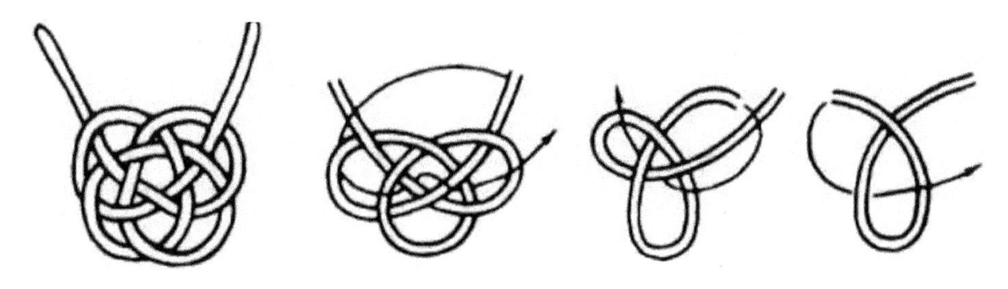

图 6–23 笼目结

（5）十全结：十全结在民间有吉祥的含义，通常指民间谚语中一本万利，二人同心，三元及第，四季平安，五谷丰登，六合同春，七子团圆，八仙上寿，九世同堂，十全富贵。十全结是一个双钱结的组合结式，是由四个双钱结相互交错、中间穿插向四面放射的结，完成后外观呈菱形，从四个角度看都是由数个双钱结交错组合而成（图 6–24）。

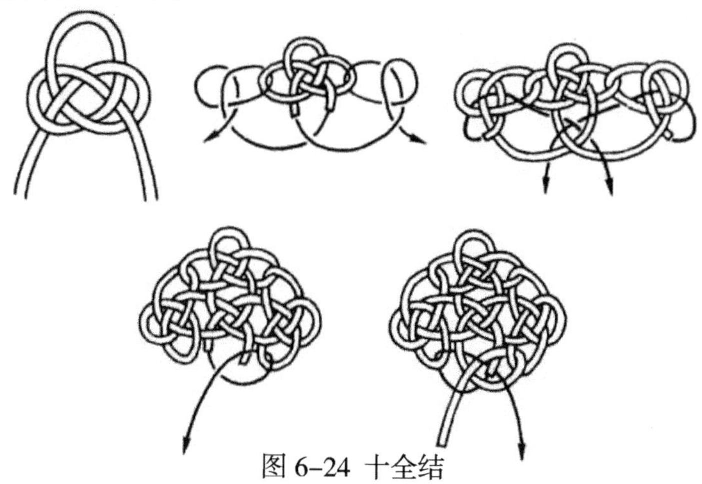

图 6–24 十全结

5. 酢浆草结酢浆草是一种三叶草本植物，为掌状复叶。此结因有三个外耳就像一株酢浆草而得名。本结用途最广，可演化出许多组合结、字等（图 6–25）。

酢浆草结的变化结式有双耳酢浆草结、如意结等。

（1）双耳酢浆草结：此结与三耳的酢浆草结做法相同.只是在做好内耳后，即做收线的步骤（图 6–26）。

（2）如意结：此结由四个酢浆草结组合而成。如意头多为心形、之形、云形，如人之意，故得此名。引申为称心如意，万事如意。

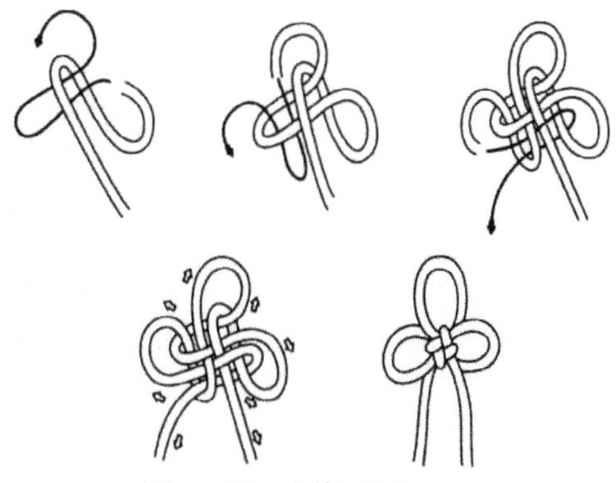

图 6–25 酢浆草结

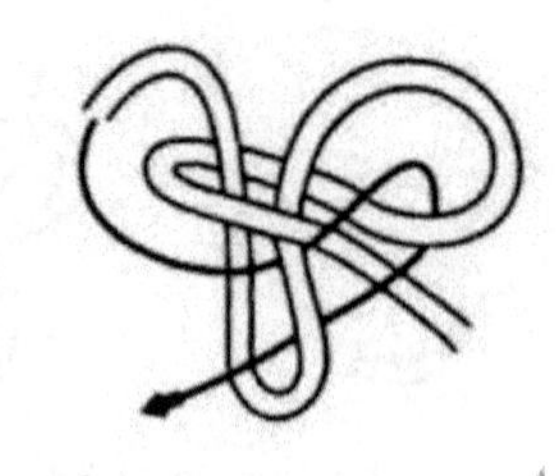
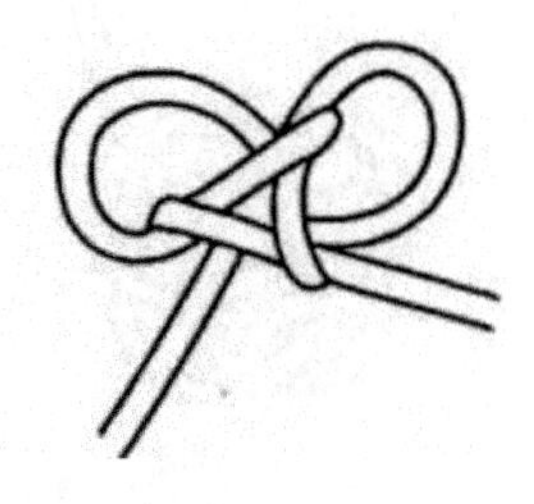

图 6–26 双耳酢浆草结

6. 盘绕结

盘绕结的结式特点为盘绕穿插，常用较硬、弹性较好的绳线编盘。盘绕结通过穿心、搭耳、补线、耳翼勾连等技法处理后可演化出无穷无尽的变化。

盘绕结的变化结式有盘长结、锦襄结等。

（1）盘长结：盘长结因结形似盘肠而得名，是中国结中最有代表性也是应用范围最广的结形之一。盘长结有连绵不断、回环贯通、无始无终、永恒不变等寓意。

（2）锦襄结：此结有锦上添花、衣锦还乡的寓意。

7. 同心结

同心结是一个古老而又赋予美好寓意的装饰结式，又称情人结。结式简单易结，形如两颗连接在一起的心，可用稍粗些的红色丝带编结（图 6–27）。

三耳十字结是由同心结展开而形成的新结式（图 6–28）。三耳十字结的外观如十字的造型，很受人们的喜爱。编结时，先结一个松散的同心结型，再从两边将结耳抽出即可。

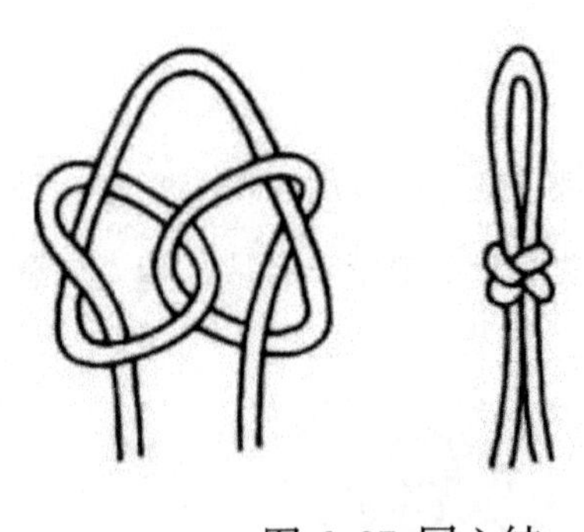

图 6–27 同心结

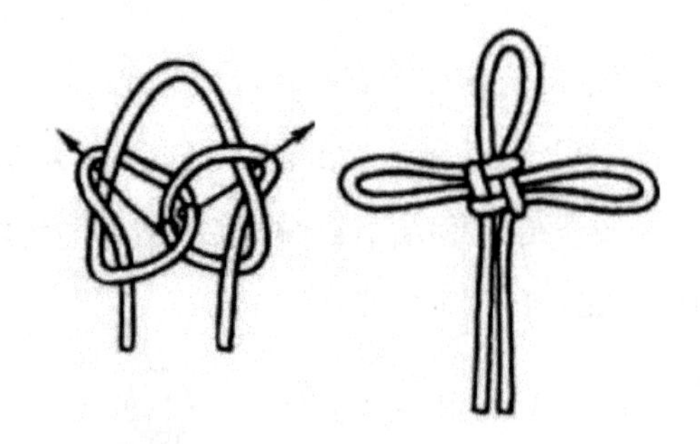

图 6–28 三耳十字结

8. 纽扣结

纽扣结（图 6–29）也叫玉结、宝石结或葡萄扣，因常用于服饰扣襻而得名。此结圆润完整 . 简洁紧固，连续编结也可以作为手链及项链。

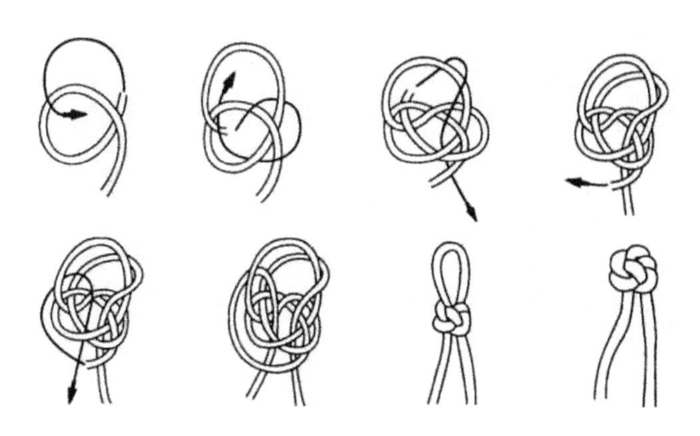

图 6–29 纽扣结

纽扣结的变化结式有八面纽结、九面纽结等。

（1）八面纽结：八面纽结因结式完成后外观呈八个面而得名，是传统的衣纽结式之一。八面纽圆润紧固，外形美观，在服饰上应用广泛。

编结特点为先将绳线穿结整理成平面形态，再向绳头并拢紧靠的方向翻越，依次缓缓收紧，整理成形。如在此基础上，两根绳尾分别按顺时针方向沿线再穿行一次，即可形成双重八面纽，使结式更加饱满（图 6–30）。

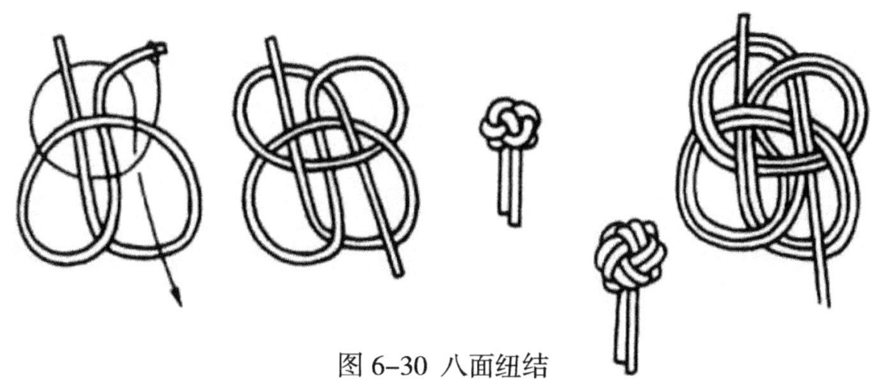

图 6–30 八面纽结

（2）九面纽结：此结因外观呈九个面而得名。编结方法简单易学，结纽紧固、完整。编结时应注意将结式盘绕抽紧成平面状，并向结头靠拢的方向翻越，逐渐收紧整理成形（图 6–31）。

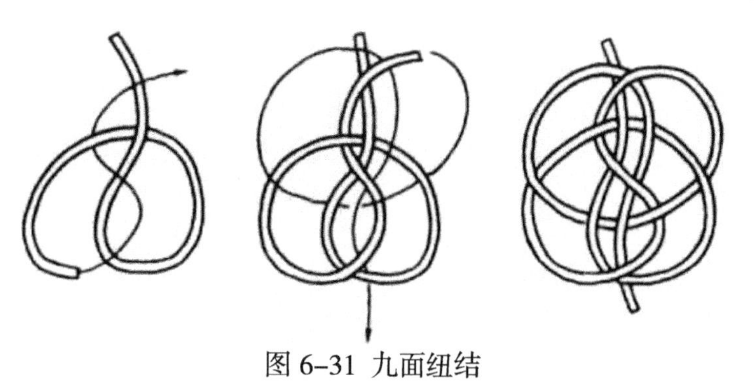

图 6–31 九面纽结

（二）其他结式

1. 琵琶扣结

琵琶扣结是我国传统装饰中广为应用的结式之一。在服饰扣结中，它的造型完美、大方，富有装饰性和实用性。编结简便，多用布料、绳带编结而成，也可在此基础上进行装饰。

编结时，将绳线按“8”字形的走向盘绕，并及时用针线固定以防散落。完成后将绳尾隐藏在结式背后（图6–32）。

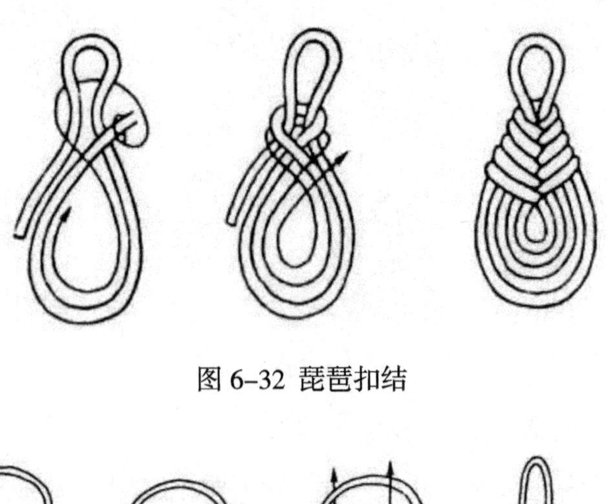

图 6–32 琵琶扣结

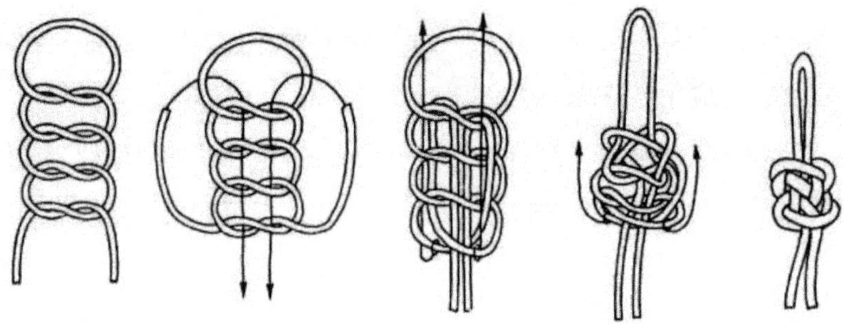

图 6–33 藻井结

2. 藻井结

藻井结源于中国古代藻井图案的模式。藻井图案通常是以一个中心图案为基础，四周环绕对称、均衡且层层包围的图案而形成一个装饰整体。藻井结正是借鉴了这个形式，结式完整、厚实，可以反复编结组合（图 6–33）。

3. 团锦结

团锦结因外观呈团锦状而得名。民间多以圆形图案象征团圆和气、荣华富贵等吉祥含义，并常将动物、文字、花草等图形变化为圆形作为装饰（图 6–34）。

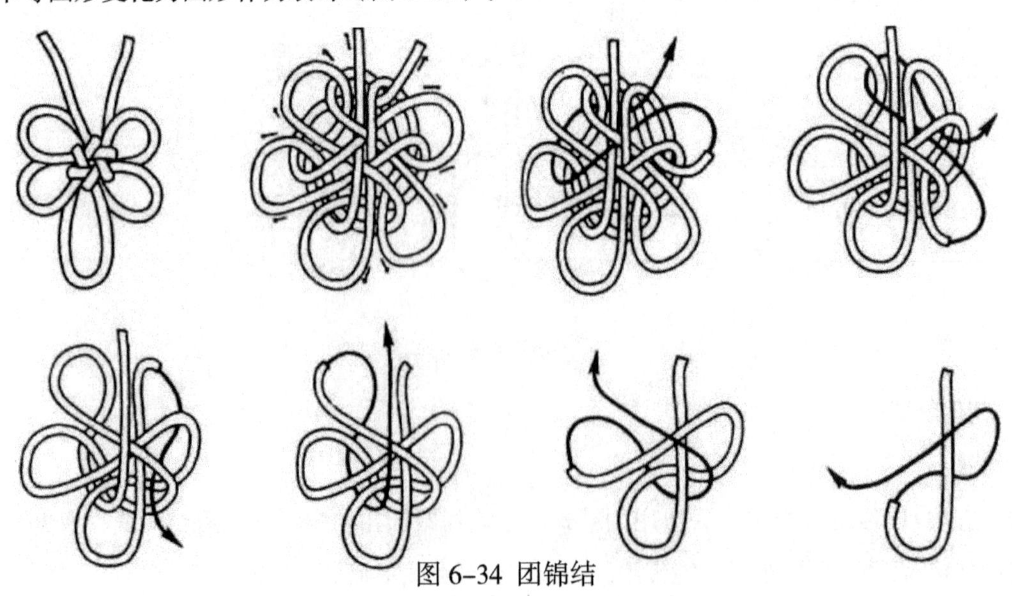

图 6–34 团锦结

4. 稻穗结

稻穗结在编结时要先预留一定的长度做一个长形环，再按图环绕“8”字，边绕边扭环，编完即成（图6–35）。

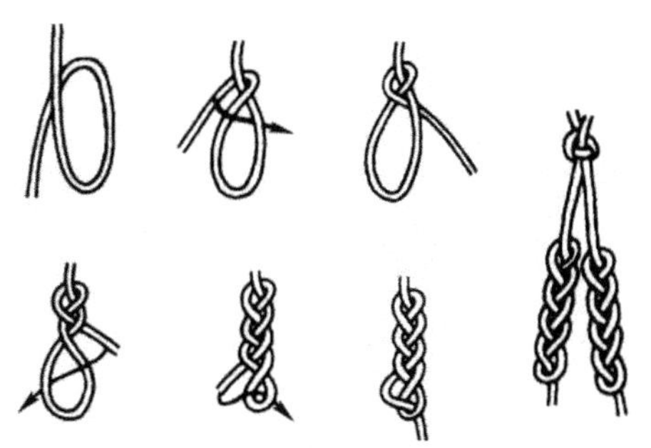

图 6–35 稻穗结

第四节 编结在服装上的运用

在服装与装饰形式中，绳结的应用是非常普遍的，如服装上的盘扣、盘花、帽饰、腰饰、首饰、包袋等。

在我国古代，人们穿着服装，最早是不用纽扣的，通常是以带束衣，谓之“衿”。如山西侯马市东周墓出土的陶范腰带上的结，具有纽扣的实用功能；河南信阳楚墓出土的彩绘木俑前胸佩玉上的结，正是一种美丽的装饰（图 6–36）；在唐代永泰公主墓的壁画中，一位仕女腰带上的结即是我们现在通称的蝴蝶结（图 6–37）。民间有关纽扣结的编法有数十种，用绳做成盘花纽襻，根据需要再编盘出各种图案，如花卉、动物、行云流水，缝缀于纽扣结边缘，显得精致巧妙、美观大方，具有浓郁的民族特色。其名目之多，工艺之精，堪称一绝。

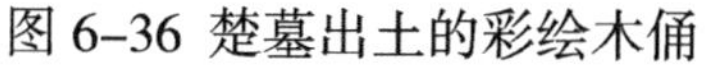

图 6–36 楚墓出土的彩绘木俑

图 6–37 唐代仕女

服装上用绳结盘饰的方法，是世界上常见的装饰方法，尤其在少数民族的服饰中更为多样。其装饰形式多以彩色丝带在衣服的某些部位盘结出各种图案，有的还在上面钉饰珠子、羽毛或其他装饰物，在平面的装饰基础上展现出立体效果。如生活在欧洲喀尔巴阡山脉和斯洛伐克南部小平原的少数民族，妇女衣着装饰以彩色丝线刺绣为主，男子的服饰多以刺绣加上编结盘花的形式。在白色马甲的胸前、袖窿处，白色马裤的前上部各以彩色丝带编结盘绕，然后直接缝缀于衣服上，丝带盘花的终端饰以立体的流苏，使服装具有民间情趣及乡村浪漫的气息。在他们的帽子上、腰饰上甚至鞋饰上，丝带编结的装饰物随处可见。配色方面，多以在白色或黑色地上缀饰红、绿、黄、蓝、紫、橙等鲜艳色彩的丝带，突出了浓郁的田园风格。在装饰造型上，多以十字结、挂饰结、盘长结等结式编出，然后再进行适当的盘绕缝缀，使整个服装既完整又突出了装饰重点。

第七章　鞋饰

第一节　鞋子概述

鞋本为服装中的足衣。在中国古代，鞋有许多名称，如履、舄、靴、屦、屣等。上古时常以兽皮制鞋，因此鞋的称呼多以革字为偏旁，如“鞵”字本为用兽皮制成的鞋，《说文》曰：“鞵，生革鞮也。”鞮是一种兽皮鞋。后来又有丝、麻、草编之鞋，屣、履即代表了这些鞋式。在古书中，一般称单底鞋为履，复底鞋为舄。靴是指高至踝骨以上的高筒鞋，来自于西域的胡人之式。鞋、靴成为所有鞋式的总称。

一、中国鞋、靴的发展

最早的鞋子式样是很简陋的，人们推测，古人将兽皮切割成大致的足形后，用细皮条将其连缀起来即成为最原始的鞋子，以后逐渐地出现了用树皮、草类纤维编结出来的草鞋、麻鞋和树皮鞋。随着纺织业的发展，布料、丝绸等物亦用来制作鞋子，并与皮革、麻草组合应用，出现大量的鞋饰品。到了殷商时期，鞋的式样、做工和装饰已十分考究，用材、配色、图案亦都根据服饰制度有了严格的规定。从服饰记载中可以看出，服制中规定了王室成员着鞋的形制与色彩，如天子用纯朱色的舄或金舄，而诸侯用赤色舄。每个朝代鞋的造型、色彩都随着服制形式而变化。百姓之鞋以素屦为准，多以革、葛草制成。

周代末年，靴的使用来自于北方胡人的鞋式。胡人游牧骑乘多着有筒之靴，而赵武灵王主张习骑射、服改胡制，以更利于战事。《释名》曰：“古有舄履而无靴，靴字不见于经，至赵武灵王始服。”

汉代的鞋靴在造型上已有很多变化，如丝织的靴有色彩和图案上的变化，造型也很简练，较符合足部的形状。鞋靴使用的材料也很广泛，有牛皮、丝织物、麻编物等。草鞋亦是平民百姓所着之鞋，由南方多产的蒲草类植物编结而成。

南朝时期盛行着木屐，上至天子，下至文人、士庶都可穿着。木屐的造型可以变化。《宋书·谢灵运传》曰：“登蹑常着木履，上山则去前齿，下山去其后齿。”正是描述了当时的一种非常特别的登山木履形式。

唐代靴制袭隋代的六合靴，后改长靿靴为短拗靴，并加以毡。妇女鞋子的形状，前为凤头式。温飞卿《锦鞋赋》曰：“碧缯细钩，鸾尾凤头”，就是指这种鞋式。其他的鞋，有高头、平头、翘圆头等式样，有的绣出虎头纹样或鞋身饰有锦纹。

宋代的鞋式初期沿袭前代制度，在朝会时穿靴，后改为履。用黑革制成靴筒，内衬以毡，其色与朝服同。一般人士所穿的鞋有草鞋、布鞋、棕鞋等，按所用材料取名。南方人多着木屐，如宋人诗“山静闻响屐”，形容了人着木屐在山中行走的情形。

女子的鞋常用红色为鞋面，鞋头为尖形上翘，有的做成凤头，鞋边多加以刺绣。劳动妇女亦有穿平头鞋、圆头鞋或蒲草编的鞋。

明代的服制中，对鞋式的规定很严格，无论官职大小，都必须遵守服制（图 7–1）。在何种场合得穿着何种鞋式，如儒士生员等允许穿靴；校尉力士在上值时允许穿靴，外出时不许穿；其他人如庶民、商贾等都不许穿靴。万历年间不许一般人士穿锦绮镶鞋；一般儒生着双脸鞋；庶民穿一种深口有些屈曲的腌靸；木屐仍为南方百姓所用，并做成龙头形加彩绘。

图 7–1 明代鞋

清朝鞋制沿明代制式，文武各官及士庶可着靴，而平民、伶人、仆从等不能穿靴。清代的靴多为尖头式，入朝者为方头式。靴底较厚，因嫌底重，采用通草做底，称为篆底，后改为薄底，称为“军机跑”。一般人士的鞋由缎、绒、布料制作，鞋面浅而窄，有鹰嘴式尖头状鞋，亦有如意头挖云式。鞋底有厚有薄，厚者寸许有余。百姓有草鞋、棕鞋、芦花鞋等，拖鞋也在各等人　士中流行开来。南方雨天穿着钉鞋，北方冬天则出现了冰鞋。

妇女的鞋式变化众多，有拖鞋、木屐、睡鞋等，南方妇女常穿绣花高底拖鞋和木屐，还有将鞋底镂空储存香料的形式。

近代鞋式根据服装款式的变化而形成了新的格局，造型简洁、精美，尤其是制鞋由手工操作慢慢过渡到机器加工，制作愈加精致。各种材料都被合理地应用于鞋靴的设计与制作中，各种高新技术的应用料的质地、品质更加完美。

二、西方鞋、靴的发展

在国外，鞋靴很早就产生了。最早的鞋式很简单，可能只是雪松树皮或棕榈树皮制成的，动物的皮革也被切割缝制成为原始的鞋式。在古埃及帝国时期，已有国王足穿拖鞋的形象记载。男子拖鞋的前部略呈尖状，并向上翅起，法老图坦卡蒙的拖鞋表面还银嵌了一层薄金。

公元前 6 世纪，波斯人的鞋饰制作得非常精巧，鞋帮超过脚踝骨，鞋面的两侧都有精心设计的图案。

古希腊人的鞋子有拖鞋、平面鞋和高筒靴三种，这在公元前 5 世纪已很完善。拖鞋的底部与脚形吻合，并能区分左右，带子经鞋底绕向前两个脚趾之间，再与鞋底两侧的带子相结，系于脚踝处。有的将鞋带由鞋面起螺旋式向上系至袜筒上端。拖鞋多用皮条编织而成，或将一块皮革切割成网状形成鞋面，再与鞋底缝合起来，数条皮带将鞋子与脚踝缠绑，穿着非常方便和牢固，其式样有赫尔墨斯式拖鞋、皮面木底拖鞋、打褶的长舌拖鞋等。

古罗马人的鞋靴工艺效仿和继承了古希腊人的高超技艺并进行了改革创新，有透空露脚趾的凉鞋，有覆盖脚面的带绑鞋，还有高帮系带的靴。古罗马人多数穿用带帮的鞋子，从鞋帮上引出的鞋带围绕脚踝部交叉系牢。军官们所穿的厚底靴更为精美，靴筒高至腿部，饰有雄狮头像和压印图案，并以折叠面料作为饰边（图 7–2）。

图 7–2 古罗马的鞋靴

图 7–3 11 世纪欧洲鞋

11 世纪以后，欧洲各国的鞋式变化很大，主要变化体现在鞋尖和鞋帮的造型上。如前部成尖形，略向上翘，鞋面上有一道开缝伸向前部（图 7–3），在鞋帮的造型与装饰上都呈现出与众不同的特点。12 世纪以后，鞋前端基本呈尖形，变化不大。在鞋面上刺绣有菱形或花纹图案。从 14 ~ 15 世纪开始鞋尖被异常地夸张，达到最严重的地步，有的鞋尖甚至长达 15cm 之多。收藏于维多利亚—阿尔伯特博物馆内的尖头鞋，其后跟到鞋尖长达 38cm。由于尖头鞋柔软易弯曲，会造成行走不便，因此出现了木制鞋底的尖头鞋，在后跟部分加了金属使之耐磨。这些鞋式，有的在双脚侧面留有开口，用绳带穿系；有的在脚背上开口，用纽扣系牢。直到 15 世纪末叶，尖头鞋才逐渐被淘汰。

16 世纪鞋头呈宽头或合体样式，以圆头、方头为多，鞋面上出现了“舌头”，鞋底也增高并出现了独立的鞋后跟，且牢牢地固定在平底鞋上，使穿着者增加了一定的高度。厚底鞋在 16 世纪的百年间受到妇女们的普遍喜爱，鞋的宽窄也更加符合人的脚形，鞋底是用木头或软木制成，鞋底边覆有皮革或纺织材料，再涂上颜料，镀上金色。鞋面通常用打有小孔的皮革制作，鞋背处开口以便伸脚。

17 世纪的鞋式为梯形头或圆头，鞋跟的形状美观，用缎带制成的玫瑰花装饰遮住脚背，掩盖了绳结。此时期穿靴的风俗也很盛行，无论在室内还是室外，骑马还是不骑马，人们都穿靴。靴上装有刺马针和套圈，靴筒上部翻折下来。另一种靴的靴口加宽，并向外翻折，造型十分精美。虽然穿着时可能不方便，但它能使镶有精美花边的长筒袜展现出来，因此仍受人们喜爱。

17 世纪后期鞋式更加华丽，鞋尖呈方形，鞋舌较高而且朝外翻起，鞋面上窄窄的鞋带用小型的金属鞋扣扣结，宫廷中鞋跟为红色木制。女式鞋的鞋尖更细，鞋跟亦更高更细，所用的制鞋材料以丝绸为主，上面饰有羽毛和刺绣花纹（图 7–4）。

图 7–4 17 世纪女鞋　　　　图 7–5 18 世纪女鞋

18 世纪的鞋式，鞋舌部分变小，鞋跟也变矮，鞋上的扣带装饰更为突出、宽大。宫廷中鞋的颜色在前半个世纪仍以红色为主。18 世纪后半期，鞋式逐渐变化，以圆头鞋为多，鞋舌消失，鞋面的扣状装饰加大并呈弯曲状更适合脚面的形状。很多鞋上的装饰十分漂亮，有些用银丝制成，有的镶以人造宝石或贵重宝石。女式鞋仍以高跟尖头为时髦，在山羊皮鞋上布满了刺绣花纹，或在锦缎高跟鞋上装饰丝带（图 7–5）。

19 世纪的男鞋以靴为主。靴大致有三种形式：一是黑森式靴，靴口呈心形，饰有缨穗；二是惠灵顿式，靴筒高，靴口后缘凹下形成缺口；三是骑手靴，靴口用轻而薄的皮革制成，并向下折回。这一时期的靴是穿于裤子里面的，裤腿用带子系在靴上。到了 19 世纪 50 ~ 60 年代，半高筒靴及高筒靴要用带子缚住，方尖弯形浅口无带皮鞋开始出现，且设计得更加瘦小，鞋跟也更细更高。

女鞋的色彩非常受重视，有青绿、浅黄、大红、杏绿、黄色及白色等。鞋面饰有蝴蝶结和系带装饰，鞋头的造型更圆了，鞋的发展也更为实用。此时的鞋面采用黑色缎子、白色山羊皮和杂色毛皮制作，装饰也很精致，如有连环针刺绣、铁珠装饰、银扣装饰及精美的饰带。维多利亚女王的一双有松紧饰边的矮鞫靴，成为当时 40 年内盛行的靴式。19 世纪 60 年代以后，鞋的设计越来越受到重视，鞋帮用艳丽的织物作装饰，鞋面系带的方式取代了鞋帮系带，鞋扣的形式开始流行。大众式样的鞋多为圆头、半高跟系带式，并饰有缎带和玫瑰花的饰物。80 年代以后鞋的造型为尖头、浅口无带式，选料多与服装的面料相同，以绸缎面料为主，并饰有小羊毛缨穗和镶金装饰物。在较隆重的节日中，人们常穿着有几条系带的羊皮便鞋和镶有小珍珠扣子的浅口无带皮鞋，还有黑天鹅绒面的马车靴等。

第二次世界大战以后，鞋作为服装配件的一部分，款式越来越多，变化的速度也越快。人们不断追求着鞋式的轻便、舒适和时髦。女式鞋款的变化更加快捷，鞋尖由长到短、由圆渐方；鞋跟由低变高、由粗变细。随着社会的发展，鞋的种类、款式越来越多，工艺制作也更加精致、美观。

三、现代鞋、靴的发展趋势

如果说历史上鞋靴的产生主要以实用为目的，逐渐过渡到实用与审美相结合的形式，当今鞋靴的发展变化则受到更多因素的影响，人们不但追求鞋靴的实用与审美，还不断研究鞋靴的各种功能，如透气性、保暖性、舒适性，并从健康科学的角度加以追求。其发展趋势主要从三个方面体现出来。

（一）设计风格多样性

鞋的种类很多，设计风格随着服装的流行、社会观念、审美倾向、艺术形式等各种因素而变化。人们的选择也随着美观、经济实力而有所侧重。

最新的鞋款不断地被推出或被淘汰，而鞋子的造型总是以适合足形为根本。不同的变化体现于鞋跟的高　矮粗细、鞋形的宽窄尖圆、鞋舌的装饰与否、鞋筒的高低肥瘦之中，外加的饰物以及鞋辅料的应用也会使鞋的造型产生新的风貌。风格的展现正体现于鞋式整体与细节的变化上，无论是现代风格、复古风格、嬉皮士风格、建筑雕塑风格、民族风格，还是其他的风格，都离不开这个因素。

（二）新材料的应用

现代鞋饰除了使用传统的材料之外，各种最新材料的发现和使用也是非常重要的。新材料中还包括对传统材料的重新处理与改革，使之具有新的性能和更高的适应性。传统的鞋材中皮革的应用非常广泛，然而硬质的皮革在舒适度上欠佳，因此用新的技术将皮革软化处理但又不失其牢度，使鞋的质量更高。

（三）制鞋技术和设备

古老的制鞋技术以手工操作为主，简陋的工具设备以及原始的操作技术，产生出无以数计的鞋款，并左右了许多世纪。逐渐地，制鞋技术和设备都有了长足的发展，如今的制鞋企业多以较完备的技术和设备发展自己，有了成套的流水线操作设备，在设计、打样、制作、检验、测试等方面都更加完备。在今天，制鞋业已被渗入了高新技术，如电脑设计、控制生产流水线等环节，并对鞋的外形、湿度、透气性能、牢度等方面进行检测控制，收到了良好的效果，使鞋靴在美观、实用、舒适、耐用等各个方面都有所提高。高新技术使制鞋业的竞争从提高产量、质量的角度得以完善。

第二节鞋子的分类

一、男鞋分类

（一）运动鞋

根据不同种类的运动项目，就有不同种类的运动鞋。

1. 篮球鞋

篮球鞋有两种，一种是鞋底纹路水平，适合于室内打篮球时穿着；另一种是在原有的基础上再加入气垫、防扭转功能，对足踝起到加强作用。一般篮球鞋鞋底的防滑性能较好，大部分鞋底都和地面接触。还有的篮球鞋鞋带穿孔很多，鞋垫比较厚。

2. 足球鞋

足球鞋的设计从鞋底到鞋面均为踢足球设计。足球鞋底部有钉子底，而且鞋的造型小巧，鞋帮前有增加摩擦的垫子或纹路，用来射门。

3. 慢跑鞋

慢跑鞋的鞋底由EVA及橡胶底合成，轻便、舒适，鞋底设计有规则和块状体设计，纹路较深，有抓地力、推动力。

4. 网球鞋

由于打网球有快速启动、急停急转、踮足转体、凌空腾跃的特点，所以网球鞋要强调抓地性和鞋子的支撑性。

5. 胶底帆布鞋

鞋底用橡胶、鞋帮用帆布制作，系鞋带，是各年龄段的人们日常穿用的运动鞋的代表。6. 其他运动鞋

对每一种运动来说，如乒乓球、羽毛球、排球、跳高、自行车、极限运动等，都有属于自己项目的专业运动鞋。

（二）镂花皮鞋（Brogues）

镂花皮鞋鞋头有如飞鸟羽翼的"M"字压花或车线的一种装饰，是一种深具实用主义的鞋款，据说最早穿着这种鞋的人是苏格兰及爱尔兰地区的劳工，粗革厚底以及打满透气孔的鞋面，全都是为了方便劳工在潮湿的气候下更好地进行野外劳作并且保持鞋子透气。现在的 Brogues 鞋精致华丽，那些鞋孔的装饰意义已经超过了透气的意义，甚至变成了 Brogues 的重要特征，使鞋子颇具英伦绅士的气质。

（三）牛津鞋（Oxfords）

在 17 世纪英国赫赫有名的牛津大学，男生们都流行穿一种鞋子楦头以及鞋身两侧做出如雕花般的翼纹设计的制服鞋，这种鞋就是现在我们称为牛津鞋的始祖。牛津鞋通常在鞋面打三个以上的孔眼，再以系带绑绳固定，不仅为皮鞋带来装饰性的变化，也显出低调古典的雅致风味。

（四）德比鞋（Derbies）

德比鞋是在欧洲非常流行的一种绑带鞋的统称，鞋子的设计颇具舒适感。与牛津鞋相比，德比鞋的鞋舌和鞋面是连在一起的，并且两片鞋耳之间用可松紧的鞋带固定出一些间距，这样便于调节穿着后的松紧。德比鞋在保留经典男鞋款式的同时又能够为穿着者提供足够充分的穿着空间，提供的是一种真正舒适的感觉。德比鞋不仅适合休闲穿着，也很适合用在正装场合，其搭配具有一定的灵活性（图 7–6）。

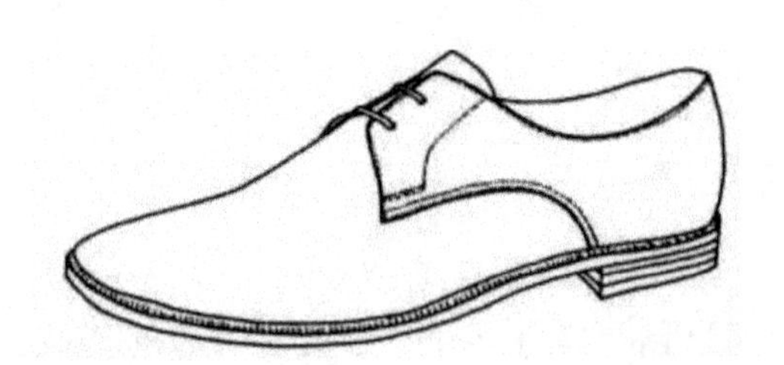

图 7–6 德比鞋

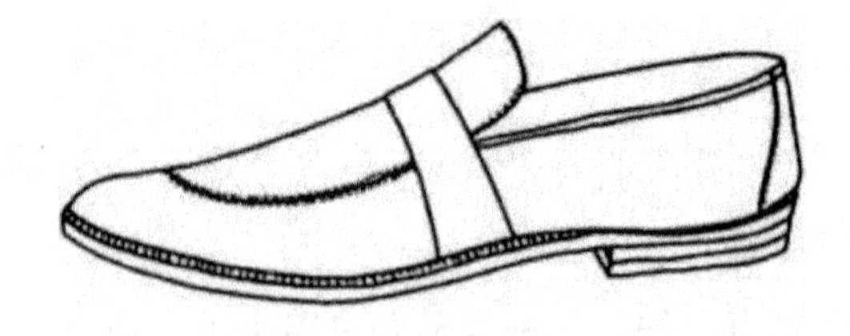

图 7–7 浅口便鞋

（五）浅口便鞋（Loafers）

浅口便鞋是一种设计简单利落的鞋款，穿着容易、舒适。它依然保留了传统皮鞋的基本款型，并进行了些许的改良，材质与细节的改变让鞋子看起来与众不同（图 7–7）。

（六）孟克鞋（Monk-Strap Shoes）

孟克鞋的最大特色在于鞋面上有一个宽大的横向带装饰及金属环扣，并压附于鞋舌上，这个横带装饰就被称作 Monk–Strap，这也是 Monk–Strap Shoes 名称的由来。现在的孟克鞋在设计上显得越来越有型，

配色也越来越大胆，使这种经典的鞋款焕发出全新的绅士气质。孟克鞋一般会比其他款型的皮鞋更具设计感，一般的品牌都会在孟克鞋的搭扣上别出心裁，以设计出最特别的孟克鞋。

（七）靴（Boot）

1. 工作靴

工作靴在美国是作为劳动用而开发的短腰靴，也称作业靴。靴腰至踝骨以上，有粗明线装饰，系带，厚底，结实耐用，在户外活动时也可穿用，常与牛仔裤搭配（图 7-8）。

2. 橡筋短靴

橡筋短靴是在穿口的两侧缝入V形或U形橡筋的短靴。在19世纪是多数绅士穿礼服的配套靴(图7-9)。

图 7-8 工作靴

图 7-9 橡筋短靴

3. 乘马靴

乘马靴鞋腰的高度从膝盖以下到踝骨不等，重点是在靴的脚腕系皮带和皮带扣环。很久以前由印度的骑兵队乘马时穿着而得名。

4. 牛仔靴

牛仔靴是靴系马靴的一个种类，在美国历史上是专为方便牛仔工作而设计的鞋类，有美国文化特色之一的称号。为了使脚上马镫时方便，靴帮的前端为小方头鞋尖，鞋跟多是结实的半高跟。靴的上口前后呈V形曲线，便于腿部的活动，侧面和脚面部位有明显或浮雕图案装饰。

（八）凉鞋

凉鞋的设计具有自身的特点，即要求以“凉”为主（详见女鞋的中的凉鞋）。

（九）拖鞋

拖鞋指没有后帮，容易穿脱的鞋。

1. 家居拖鞋。

2. 沙滩拖鞋

鞋帮一般为“丫”形拖鞋，俗称“人字拖”。

二、女鞋分类

（一）浅口鞋（Pumps）

鞋口较大，穿脱方便，脚面露出部分较多，不配纽带或金属卡等任何部件，前帮长度较浅，称为浅口鞋。

这是女鞋的基本样式，其鞋跟有高跟、中跟和低跟之分。

（二）高跟鞋

女式鞋根据鞋跟结构可分为平跟鞋、中跟鞋、高跟鞋、特高跟鞋等。

（1）平跟鞋跟高 30mm 以下。

（2）中跟鞋跟高为 30 ~ 60mm。

（3）高跟鞋跟高为 60 ~ 80mm。

（4）特高跟鞋跟高 85mm 以上。考虑到舒适性的问题，特高跟一般前掌部位伴有一定高度的平台。

（三）坡跟鞋

坡跟鞋的跟体成楔坡形与前掌部位相连。与相同高度的高跟鞋比较，坡跟鞋坡度较小，所以穿着相对舒适。

（四）凉鞋（Sandals）

凉鞋的设计具有自身的特点，即要求以“凉”为主。

1. 满帮式凉鞋

在鞋帮上设计出各种形状的花眼，以增加凉爽性。女式多属浅口式和中盖式。

2. 前后满中空式凉鞋

前帮有包头，后帮有外包跟，中帮腰窝部位一般只有一两根条带连接前后帮或者根本没有腰帮部件的凉鞋款式。

3. 前后空中满式凉鞋

特点是前、后帮的前后两端都有较大的空隙，而腰帮为一整块部件。

4. 前满后空式凉鞋

与前后满中空式凉鞋和前后空中满式凉鞋不同，前满后空式凉鞋则是将凉鞋鞋帮分为两段式。顾名思义前帮为满帮，后帮镂空或没有后帮（俗称“凉拖”）。

5. 前空后满式凉鞋

前帮用条带组合成镂空的形式，后帮是含有主跟的满帮形式，这种款式的凉鞋就是前空后满式凉鞋。

6. 全空式凉鞋

整个凉鞋鞋帮从前到后都是镂空的，也就是说其鞋帮都是由条带组成的。

7. 编织凉鞋

凉鞋鞋帮有部分编织部件或者全部鞋帮都是编织而成的鞋，统称为编织凉鞋。

8. 网面凉鞋

鞋帮呈网状，一般用网状织物做鞋帮，如纱网、蕾丝等材料。

（五）靴（Boot）

通常把鞋帮到踝部以下的称为鞋，到踝部以上的称为靴，即凡靴筒高度超过脚腕高度的就统称为靴。靴筒高度的增加使靴子的穿脱显得重要，根据开合部件（拉链、纽扣、系带）所设置的位置可以分为前开式、侧开式和后开式，另外还有的靴子没有开合部件，靴筒肥度足够穿脱或是靴筒为弹力材料。靴筒高度和形态的变化主要分为短靴、中靴、长靴、特长靴。比较常见的靴筒形状有喇叭口形、直筒形和紧身形三种。

靴筒口的形状也是不容忽视的设计环节，特别是紧身形及马靴类的靴子，整个靴筒在穿用的时候是暴露在外面的，可以根据需要将靴筒口设计成前高、后高、直线、曲线、不规则等几种类型。

（六）运动鞋

同男鞋中的运动鞋。

（七）拖鞋

同男鞋中的拖鞋。

第三节　童鞋分类

童鞋是专门为0～16岁年龄段的孩子设计的，应讲究轻巧、透气、舒适、适合脚型健康生长等特点（图7–10～图7–12）。根据不同分类形式童鞋可分为以下几类。

1. 按型号分类

（1）婴儿鞋9～12.5号。

（2）小童鞋13～16号。

（3）中童鞋16.5～19.5号。

（4）大童鞋20～23号。

2. 性别分类

（1）男童鞋。

（2）女童鞋。

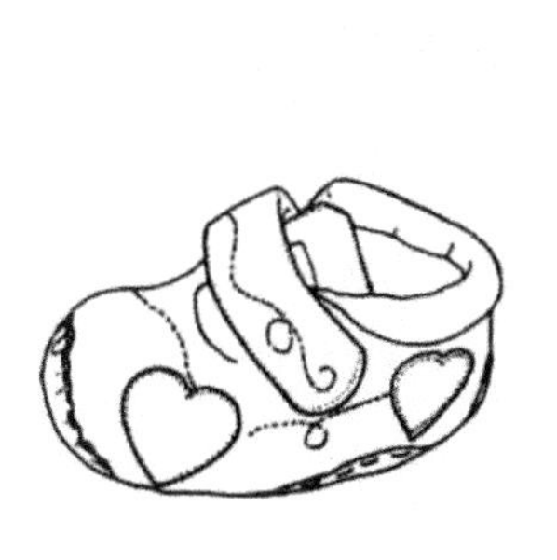

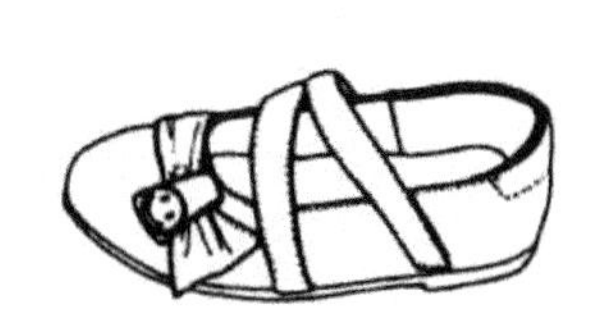

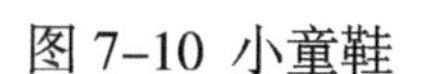

图7–10　小童鞋　　图7–11 男童鞋　　图7–12 女童鞋

第四节　鞋子的制作材料

制作鞋子的主要材料分为面、底、里三大块。

一、面料

1. 天然皮革

（1）牛皮：分为黄牛皮、水牛皮等，一般黄牛皮的强度优于水牛皮。根据牛的年龄，牛皮又可分为胎牛皮、小牛皮、中牛皮、大牛皮，一般牛的年龄越小的皮价格越贵，档次越高，但价格越高并不代表皮的强度越好。牛皮一般又可分为头层皮和二层皮，头层皮一般用于制作皮鞋鞋面，二层皮一般用于制作运动鞋、皮鞋的垫脚。头层牛皮的价格远远高于二层牛皮的价格。

（2）羊皮：分为绵羊皮、山羊皮两大类。一般山羊皮牢度优于绵羊皮，而柔软度及穿着舒适性绵羊皮优于山羊皮。羊皮一般不按羊的年龄区分。

（3）猪皮：一般在鞋面当中用得较少，在童鞋中用得相对较多，猪皮价格较低，一般在成人鞋当中用于制作里皮。猪皮一般有头层和二层之分，头层皮强度较好，二层皮强度较差，但头层的价格比二层皮贵大约五倍。

（4）其他动物皮：例如鳄鱼皮、袋鼠皮、鹿皮、蜥蜴皮、蛇皮、珍珠鱼皮、驼鸟身皮、驼鸟脚皮、青蛙皮，以上动物皮由于皮源稀少，所以制作的鞋往往价格较高，但并不代表这些皮料在穿着的牢度方面很好。

2. 人造革

一般由人工合成的外观像天然皮革的一种材料。一般来讲人造革的价格低，穿着的舒适性、透气性差于天然皮革。但也有极少数人造革由于制作工艺复杂，价格高于天然皮革。

3. 其他材料

二、鞋底

（1）橡胶底：天然橡胶一般耐磨、耐寒、耐折，性能较好，但用于制作鞋底的橡胶往往要加入其他低成本的材料，若加入过量也会大大降低其耐折、耐磨性能。橡胶底往往分量较重。

（2）改性 PVC（俗称塑料底）：耐寒性较差，温度越低鞋底越硬，反之，温度越高鞋底越软。耐折、耐磨性也要根据配方而定，PVC 底分量较重。

（3）TPR 底：分量较 PVC 底及橡胶底轻，表面无光泽，耐寒性较好，耐折、耐磨性也根据配方而定。

（4）聚氨酯底（PU 底）：分量较轻，一般耐折、耐磨、耐寒性较好。

（5）真皮底：真皮底往往前掌需加胶片，其透气、吸汗性较好，成本较高，耐寒、耐折性较好，耐磨性一般。真皮底一般用牛皮来制作。

（6）EVA 底（俗称发泡底）：分量较轻，但耐压性较差，受压后往往容易变形不易回弹。耐寒性较好，耐磨、耐折性一般。

（7）复合底：由几种材料组合起来的底简称复合底，鞋底可分割成后跟及后跟掌面、底片及沿条以及前掌掌面等几部分，根据不同部位的功能要求不同，可结合以上材料的优点加以组合。一般复合底的成本高于以上前四类鞋底。

三、内里

用于制作鞋里的部分称为内里。

1. 真皮内里

（1）猪皮：可分为头层皮和二层皮，按表面处理不同又可分为水染猪皮、涂层猪皮。水染猪皮透气、吸汗性较好，但容易褪色，这是共性。涂层（喷漆）猪皮一般不会褪色，但透气、吸汗性很差。二层猪皮的强度远远低于头层皮。

（2）羊皮：一般用于制作高档鞋的内里，不易褪色，透气、吸汗性较好，价格一般为头层猪皮的三到四倍。

（3）牛皮：一般用于制作高档鞋的内里，透气、吸汗性较好，价格较高。

2. 人造革内里

PU、PVC 革以及其他复合类的革料，人造革内里一般成本较低，但也有部分价格高于猪皮。没有经过特殊工艺处理过的 PU、PVC 人造革透气、吸汗性很差，但也有部分 PU 革经过特殊工艺处理后透气、吸汗性得到改善，这种革俗称透气革。但人造革一般不会褪色。

第五节 鞋子的造型及设计要素

一、鞋的款式设计

依据鞋的结构，鞋的款式设计主要包括鞋底设计、鞋跟设计、鞋楦设计、鞋帮设计、鞋筒设计和装饰设计。

（一）鞋底设计

与足底接触的一面称鞋底。

1. 鞋底造型设计

鞋底设计的造型变化主要是鞋尖部位与鞋跟部位的变化，鞋尖的形式有方头、尖头、圆头等基本造型，在基本造型的基础上可根据流行程度加以变化。鞋底的外观形状变化与鞋跟是紧密联系在一起的，例如，跟底一体的坡形底、松糕底、运动鞋底等，在设计或选择时，均应仔细比较其与鞋帮结构、楦型、跟型的统一性。

2. 鞋底部花纹设计

鞋底部花纹包括底边墙花纹和底花纹，底花纹既有美化造型的作用，同时又能在穿用过程中起到防滑的功效。

（1）边墙花纹。边墙对于正装鞋来讲只有厚薄变化，但是对于运动鞋、女厚底鞋而言，边墙是鞋底装饰的一个重要部位。鞋底边墙是鞋底中直接暴露在人们视线之下最明显的部位，其对整体鞋的装饰和美观影响很大，边墙与鞋帮在花纹、结构、图案、形状和颜色搭配等方面要相互呼应、浑然一体。边墙的高度有高、中、低之分，花纹深度有深浅之分，颜色上也可以采用单色或多色设计。

（2）底花纹。

鞋底部直接跟地面接触，考虑到鞋底和地面的摩擦因数，应增大与地面的摩擦力。在保证这一功能性的前提下，鞋底的花纹设计也是体现设计思路的一个载体。

（二）鞋跟设计

鞋跟的样式丰富，总体来说女式鞋跟高矮度及造型变化比男式鞋多样。根据高度分为平跟（跟高 30mm 以下）、中跟（跟高为 30 ~ 60mm）、高跟（跟高为 60 ~ 80mm）、特高跟（跟高 85mm 以上）；根据鞋跟的造型分为直跟、卷跟和坡跟三种，在这三种基本造型的基础上还可衍生出不同造型的鞋跟。

1. 直跟

也称块跟。特征是跟口成直线或斜线形，线条清晰明朗，造型简洁、干练。

2. 卷跟

俗称路易斯式鞋跟，在跟座面至跟口交接处以曲线的形式连接，形成一个小的卷舌，线条柔和，可以很好地体现女性妩媚、娇柔的特点。

3. 坡跟

跟体成楔坡形与前掌部位相连。与相同高度的高跟鞋比较，坡跟鞋坡度较小、坡跟面与地面接触面积大，稳定性好，所以穿着相对舒适。

4. 异形跟

为追求款式的与众不同，依靠独特的造型吸引消费者的注意，在设计上可以充分发挥想象力，利用生活中的事物作为设计素材，如酒杯跟、轮胎跟、匕首跟等。

（三）鞋楦设计

鞋楦是鞋的母体，是鞋的成型模具。鞋楦来源于脚，应用于鞋，不仅决定鞋造型和式样，更决定着鞋是否合脚，能否起到保护脚的作用。因此，鞋楦设计必须以脚型为基础，但又不能与脚型一样，因为脚在静止和运动状态下，其形状、尺寸、适应力等都有变化，加上鞋的品种、式样、加工工艺，原辅材料性能，穿着环境和条件也不同，鞋楦的造型和各部位尺寸也就不可能与脚型完全一样。另外，鞋楦的角度也应结合鞋底、鞋跟来综合考虑。鞋楦的种类很多，按不同的分类形式可以分为以下几类。

1. 按鞋楦的材质分类

有木鞋楦、塑料鞋楦和金属鞋楦等。

2. 按应用对象的年龄、性别分类

有童鞋楦、成人鞋楦、男鞋楦和女鞋楦等。

3. 按鞋楦头的造型分类

有圆头楦、方头楦、高头楦、扁头楦和尖头楦等。

4. 按鞋帮的款式分类

有满帮楦、低腰楦、高腰楦和长筒楦等。

5. 按鞋楦的结构分类

有两节楦、铰链弹簧楦、锯盖楦、整体楦和装有铁底板楦等。

（四）鞋帮设计

覆盖脚背和后跟的部分称鞋帮，鞋帮的设计是鞋子设计的重要部分，因为它是一双鞋风格、特点的重要表现环节，也是吸引消费者注意力的亮点。鞋帮分为前帮和后帮，前帮是鞋的主要显露部位。前帮除了楦头型的变化以外，结构分割线的变化对整个鞋的造型也产生重要的影响。鞋帮面的分割变化丰富多样，归纳起来有以下几种。

1. 素头式

前帮部位无任何分割线，帮面完整。造型朴素大方，但少变化，因此在设计时可以突出楦头的特色或在材料上采用纹理变化的设计。

2. 围条围盖结构

在鞋的前帮部位，顺着楦体前部棱线的走向，做围条围盖的分割线，围条围盖鞋是皮鞋前帮的主要分割方式，此种结构线条圆顺，能很好地体现跗背优美的 线条。围条围盖结合大致有两种形式，一种是平面结合，一种是起埂结合。

3. 破缝结构

前帮在纵向上做分割线，称为破缝，较常见的有中破缝和双破缝两种结构。破缝结构可以使鞋看上去修长不臃肿，另外也使鞋的结构容易处理。

4. 不对称结构

帮面分割方式打破常规，改变了传统结构以背中线为轴线左右对称的设计，线条设计较随意，有较大的自主性。

5. 分解式结构

根据鞋的前后位置，横向上做分割线设计，比较典型的设计是三节头鞋。分解式鞋在结构上比较科学，可以减少由于足部弯曲而导致的帮面褶皱，横向线条的分割，让鞋看上去稳重大方。

6. 条带式

鞋帮由条带组合而成，一般与无头、无跟或侧空造型相结合。条带的数量可多可少、条带的宽窄可粗可细、条带间也可以任意组合。

7. 编织式

帮面由绳线、皮革等编织而成，编织的方法多样，大致可分为经纬编织和钩针编织。

8. 网面式

鞋帮呈网状的一种形式，一般用网状织物做帮，如纱网、蕾丝等材料。这类鞋帮花纹变化丰富，装饰性强。

9. 镂空式

在鞋帮上镂空形成图案，镂空的多少可根据鞋的风格而定。镂空大致分为半镂空式和全镂空式。

后帮在外观上没有前帮显露的那么突出，在穿用时也很少被人关注，但是为了整体造型上的协调，后帮需要配合前帮的造型和鞋子风格进行设计，如包跟设计、保险皮设计、后帮中缝外露等。

（五）鞋筒设计

鞋在踝骨以上的部分叫鞋筒，按其高低可分为矮筒、中筒、高筒。中筒、高筒又称为靴，一般在秋冬季穿用。鞋筒的设计除了高矮的选择外，还可以根据流行设计鞋筒的宽窄及应用于鞋筒的面、辅料。

（六）装饰设计

用于鞋子的装饰手法很多，应用于鞋子上的装饰件主要包括金属、皮革、塑料、木质、象牙、羽毛、宝石等。其中金属装饰件光泽度高、醒目、加工细致、完美，装饰效果好；皮革装饰件通常会以皮花、皮条、编织等形式出现，其材质与面料一致，整体感强；塑料装饰件则主要依靠其绚丽的色彩、多变的造型及易于加工等优势在鞋的装饰设计中占有重要地位。宝石装饰件风格华丽、造型多变，也可与金属装饰结合使用。

鞋子装饰设计的加工方法也是多种多样，包括缉线、压花、印花、拼接、编织、编结、缝制、镶嵌、刺绣、起皱、镂空等。

1. 缉线

通过不同的缉线方式对鞋的表面进行装饰。纱线可粗可细，可素可彩，可直可曲，可单线可双线，可有形可无形，合理运用，即可达到理想的装饰效果。

2. 压花

利用专业的压花模具，在皮革表面上压出各种花纹图案。压花工艺是皮革装饰的主要手法之一，皮革压花的纹理可以是动物的皮纹，如在牛皮上压出鳄鱼纹以增强皮革的立体感，也可以在皮革上压上一些抽象或具象的纹理。通过压花处理，既可以遮盖皮革上的瑕疵，又能增加皮革的花色品种。

3. 印花

印花是皮革图案常用的工艺手法，它利用染料、涂料等一些化工原料在皮革上制成图案，印花需要根据图案的形状制作网版，利用网版等图案的颜色和形状印在皮革上。印花工艺主要应用于女鞋设计中，可以加工成不同风格，既能满足白领女性典雅大方、雍容华贵的需求，也能加工成个性明显、朝气蓬勃的图案。

4. 刺绣

在鞋的帮面、鞋跟、靴筒、鞋垫等部位进行刺绣，绣的内容根据设计需要可以是各种具象图案或是抽象图案。

5. 拼接

利用相同或不同的材料进行组合搭配，通过重新拼接产生新的花样图案。组合拼接的材料可以选择不同肌理、不同色彩的材质进行搭配。

6. 镂空

直接利用花形冲在帮面上凿孔，借助孔眼组合成具有审美意义的花形，同时能够达到透气、凉爽的效果。

7. 编织

利用皮条或绳带编织出各种图案，用来制作鞋帮部件，借助编织的特殊肌理效果，装饰鞋子外观。编织可以产生很多空隙，可增强鞋子的透气效果，所以条带编织常用于凉鞋设计中。编织可以通过皮条、绳带的颜色、宽窄以及编织图案的变化来增强装饰效果。

8. 编结

编结是将面料裁成带状或片状进行编织，结穗或塑形，多为局部装饰。

9. 起皱

通过特殊的工艺手法，在帮面或部件的结合处做出褶皱效果，塑造出立体效果，使帮面富有动感。

10. 镶嵌

镶嵌一方面是指标牌、宝石等镶嵌在鞋的表面的装饰方法，另一方面是指镶嵌在鞋面料与里料之间使鞋表面发生变化的方法，前者是夸张的，后者是含蓄的。

11. 悬缀装饰物

悬缀的装饰物包括不同材质的流苏、金属链、小绒球等，给人以轻松、富有活力之感。

12. 配装金属配件

金属配件在鞋上装饰比较常见，不同质地、不同颜色的金属配件都会带来不同的视觉感受，金属的光泽丰富了鞋的质感，配装得当可起到画龙点睛的作用。

13. 做旧

做旧是利用水洗、砂洗、砂纸磨光、染色等手段对鞋进行装饰设计。做旧分为手工做旧、机械做旧、整体做旧和局部做旧。

鞋的装饰设计应当结合款式的需要，将实用性和装饰性结合起来，充分体现设计师的匠心独运。

二、鞋的色彩设计

色彩可以赋予鞋更加鲜明、醒目的视觉感受，提升鞋的附加值。设计师应当具备较强的色彩搭配和色彩协调能力，才能使设计出的鞋产生更大的艺术魅力。鞋的色彩设计应遵循一些原则与方法。

1. 统一与变化

为了使色彩成为鞋造型的一部分，使色彩的组合给人以美的感觉，这就要求颜色的组合能表现出统一的色调，给人以整体和谐的美感。比如鞋子的整体呈灰色调，但如果过分地强调这种统一感，往往会使鞋子的造型显得呆板，缺少变化。因此在配色的时候要适当活泼起来，达到变化的目的。例如，低纯度色为主配色时，鞋给人的感觉会很沉闷，设计时可以较大色彩的明度和色相差，使整体配色活泼一些。

2. 比例与均衡

不同的色彩在整体组合中所占面积比例大小、对整体配色效果有很大的影响。每种色彩在配色中所占的比例都要适当，要能清楚地分出主、次色调。例如，如果一款鞋由两种色彩组合而成，其中一种色彩的比例应该占绝对优势，也就是主色；而如果两色彩面积大小相当，鞋子看上去会产生很生硬、不高雅的感觉。只有控制好色彩的主次关系，才能组合出具有美感的配色，处理好色彩在明度、纯度、色相上的面积比例关系、位置排列关系，在视觉上才能达到一种均衡的状态。

3. 呼应

多种色彩组合时，让某种色彩在鞋表面重复出现，这种重复出现的色彩就与原彩产生呼应关系。呼应能强调色彩组合的协调感。比如一款鞋的主色是米色，而在围盖部位应用棕色花皮，为了达到整体和谐的美感，会将保险皮也采用棕色花皮制作，这样在视觉效果上就会产生一种前后呼应的美感。同样，在选择装饰配件的时候，也要注意色彩的呼应关系。

4. 鞋的配色要与鞋的风格及消费的审美需要相统一

鞋的整体造型是由材料、色彩、款式等综合因素构成的，当鞋的整体风格被确定后，色彩的搭配就要考虑为整体造型服务，要跟设计的风格相统一，色彩要服务于整体造型。比如用粉色表现女鞋的温馨浪漫，用黑色或棕色体现男鞋的成熟稳重；活泼风格的鞋配以高明度、纯度的色彩或对比强的色彩组合，庄重风格的鞋配以低明度、低纯度的色彩或对比弱的色彩组合。除此之外，为了满足消费者的审美要求及搭配不同服装色彩的要求，同一款鞋也可以设计出不同的色彩或色彩组合。

5. 要考虑鞋的材料和配色结合后表现出来的整体效果

鞋的色彩效果要受到材料外观特征及材料加工技术的限制。比如皮革的纹理因动物的种类和加工处理的方式不同而有所变化，有些表面粗糙，有些表面光滑，有些表面亮度高，有些表面则比较暗淡，在进行配色时，要充分将材料的这些影响因素考虑进去，即使是同一种色彩，通过不同的材质也可以呈现出不同的效果。比如同样是黑色，在绒面革上给人一种厚重、暗淡的感觉，但在漆皮上则显得高贵、细腻、引人注目。这些都是在做配色设计时不能忽略的问题。

第六节　鞋子的制作工艺

一、测量

脚的测量（图 7–13) 包括 6 个围度、9 个长度、一个脚长以及脚底轮廓线。

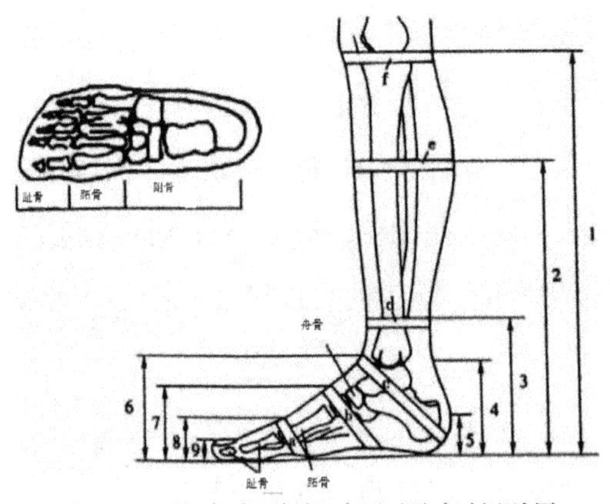

图 7–13 脚各部位长度和围度的测量

[1] 围度：a—跖围，b—跗围，c—兜围，d—脚腕围，e—腿肚围，f—膝下围。

[2] 长度：1—膝下高度，2—腿肚高度，3—脚腕高度，4—外踝骨高度，5—后跟突点高度，6—舟骨上弯点高度，7—前跗骨突点高度，8—第一跖趾关节高度，9—大脚趾高度。

[3] 脚长：测量脚长用量脚卡尺测量脚趾端点至后跟突点的距离。

（4）脚底轮廓线：测量脚底轮廓线的方法很多，可在两层白纸间放入复印纸，把脚轻轻踩上不动，用铅笔削平的一边或扁平的竹制笔垂直贴在脚周边轮廓上描画一周，铅笔不要离开脚边沿，也不要挤压脚皮肤。

由于鞋的品种不同，需要测量的脚型部位也有所不同，例如，对于无筒的鞋，只需要测量图 7–13 所示的 a、b、4、5、6、7、8、9 等几个部位；对于矮帮鞋，只需要测量 a、b、c、d、3、4、5、6、7、8、9 等几个部位；对于高筒鞋，则需要测量上述所有部位。

脚趾高度一项主要是测量大脚趾的高度。测量时，脚趾踏地不能用力，也不能跷起。该数值作为设计鞋楦头部厚度时的参考。

二、制作流程

（1）在鞋楦上设计：依据设计好的款式在鞋楦上画好鞋帮，如图 7–14 所示。

（2）制作鞋帮纸样：鞋的纸样制作，使用立体裁剪的方法。将纸贴于鞋楦上，贴好后按设计好的造型复制，取下并加固便可得到鞋的纸样。然后，用制鞋的材料依纸样剪裁。

（3）定型：将裁好的鞋片缝合，覆于鞋楦上与鞋底一起加以压合定型，然后装钉鞋跟。

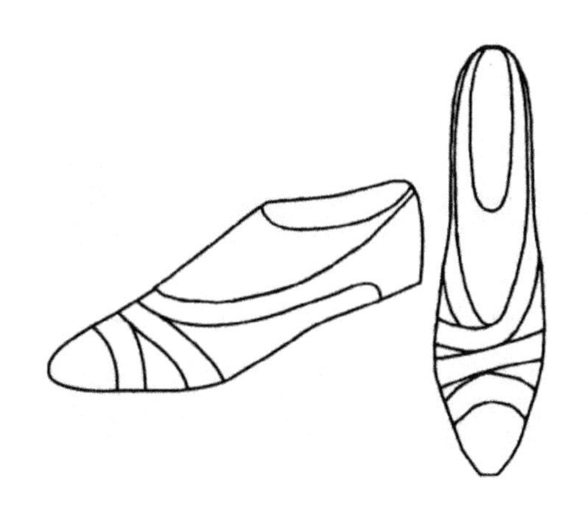

图 7–14 在鞋楦上设计

第八章　帽饰

第一节　帽子概述

一、中国古代帽饰的发展变化

帽饰的形成和发展与服饰一样，是人类在长期的劳动生活中，在地区、环境、社会的形成、宗教、审美等诸多因素的影响下逐渐产生的，也是与服饰相应共同发展演变的。在中国古代，帽饰包括发饰被称为“首服”，是服装整体装扮中非常重要的组成部分。历史上有关戴帽的记载很多，《后汉书·舆服志》说“上古衣毛而帽皮”，是指用兽皮缝合成帽形而戴于头上。服装及冠帽、发髻的造型与施色都是人类在不断观察自然万物的形态之后，将它们应用在相应的裁剪及形、色、纹样等方面。有关帽的名称有数百种之多，较为常用的有以下种。

1. 冠

冠，特指古代贵族所戴的帽子。古礼中，贵族男子 20 岁时加冠。但上古的冠只有冠梁，即加在发髻上的一个罩子，并不覆盖整个头顶，其样式和用途与后世大不相同。之后冠逐渐发展成为像帽子一样能将头顶全部盖住，冠圈的两边有小丝带，叫作“缨”，可以在颔下打结。古代的冠，种类、质料、颜色及名目形制均很复杂，如根据“冠梁”梁数的多寡来区分官阶的高低。常见的冠有进贤冠、却敌冠、通天冠、惠文冠、笼冠、高冠、姑姑冠、忠静冠等。

2. 帻

帻，指古代民间百姓包头发的巾。蔡邕《独断》：“帻者，古之卑贱执事不冠者之服也。”当时庶人的帻是青色或黑色的，所以秦时称平民为“黔首”，汉时称仆隶为“苍（青色）头”。由于帻有压发定冠的作用，所以后来贵族也开始戴帻，帻上再加冠。这种帻前面覆额，略高，后面低些，中间露出头发。另外，还有一种比较正式的帻，有帽顶，戴帻可不再戴帽。

帻，造型较为复杂，有平顶的帻为“平上帻”；有屋顶的为“介帻”。文官所用的进贤冠要配介帻，武官戴的武弁大冠要配平上帻。

3. 巾

巾，亦是帽的一种，以葛或缣制成，戴于头上，古时尊卑共用。如汉末农民起义军裹黄巾，后来贵族士大夫也有以裹巾为雅的。另有一种说法是古时平民百姓所戴的裹头布为巾。《释名·释首饰》中说：“二十成人，士冠、庶人巾。”可见庶人只能戴巾而不能戴冠。此巾以三尺长方形布幅制成，是庶民百姓用来遮阳擦汗、抵御风寒的头部遮盖物。

常见的巾有帻巾、折角巾、方山巾、仙桃巾、东坡巾、纯阳巾、笼巾、浩然巾、四方平定巾、网巾等。

4. 帽

据考，帽是没有冠冕以前的头衣，但上古文献中很少谈及。魏晋以前汉族人所戴的帽只是一种便帽，后来帽逐渐成为正式的头衣。例如，宋人有幞头帽，官僚士大夫戴的方顶重檐桶形帽；元代有外出戴的盔式折边帽、四愣帽；明代有乌纱帽、六合统一帽；清代官员的礼帽，分为夏天的凉帽、冬天的暖帽，还有平时用的瓜皮小帽、毡帽、风帽等。

5. 冕

冕，为古代帝王、诸侯及卿大夫所戴的礼帽，后来专指皇冠。《淮南子·主术训》："古之王者，冕而前旒。"高诱注："冕，王者冠也。"冕的形制和一般的冠不同。冕的上面有一块长方形的板，叫延（綖），后高前低，略向前倾，延的前端挂着一串串的圆玉，叫作旒。天子有十二旒（前后各有十二旒）；诸侯以下，旒数各有等差：诸侯九疏，上大夫七旒，下大夫五旒。到了南北朝以后，只有皇帝用冕。

戴冕冠者要穿着冕服，此制一直沿用到明清时期，到民国时将其制废止。袁世凯在复辟称帝时，曾做过一顶，但未及戴用。

常见的冕有五冕，即裘冕、衮冕、毳冕、缔冕，还有麻冕、平冕等。

6. 弁

弁，古代男子穿礼服时所戴的冠，称弁。一般在吉礼之时用冕，而通常礼服用弁。弁分为皮弁和爵弁两种。皮弁多用于田猎战伐，武官戴用；爵弁用于祭祀。

皮弁大都以白鹿皮制成，历代的皮弁与时变异，但大体上按周制而定。汉代的皮弁与委貌冠制同，为执事者所戴。到南朝末年及隋唐以后，除用鹿皮制作之外，还有用乌纱制作的。明代的皮弁，用黑纱冒覆，天子用十二缝，五色玉十二粒，镶在每缝之间，金质玉簪将头发与皮弁固定，朱缨结于额下；皇太子、亲王用九缝，缝中缀五色玉九粒、金簪、朱缨。明代皮弁的色彩，明嘉靖八年定弁上锐、色用赤，后又改其弁色，使弁色与衣裳相统一。

爵弁形似盔状，顶上有向下倾斜的平綖如冕板形制，前小后大，宽八寸、长一尺六寸，上用爵头色缯为之。在祭祀活动中所戴。

7. 幞头

幞头，一种包头用的巾帛，又称"折上巾"，在东汉时已较流行，魏晋以后成为男子的主要首服。幞头属于常服，上至帝王、群臣，下至庶人、妇女均可佩戴。

幞头自出现到广泛使用，随着时代的发展其造型变化很大。最初只是一种头巾，用一块黑纱或帛、罗、缯等裹住头，不让头发露出。到北周武帝时做了改进，有脚、后幞等，曰"幞头"。经改制后的幞头，四角成带状，两带向前，两带向后反系于头上。隋代时以桐木为骨，使顶高起，名"军容头"。唐代以后，皇帝之幞头以铁丝把前展两脚拉平，稍向上曲，成为硬脚，此式为皇帝专用，而臣民百姓仍用垂脚幞头。五代时，帝王多用"朝天幞头"，两脚上翘。各地军阀称帝之人也多创立幞头的样式。宋代幞头以藤织草巾做里，用纱做面，涂漆，称"幞头帽子"，两脚变化很多，有弓脚、卷脚、交脚、直脚等。到明朝初年，幞头又有展脚、交脚两种，成为官服中的服饰之一。

以上几类巾帽各有许多帽式，根据不同的职别、不同的地区及时代，都有各自的名称。如冠有步摇冠、方山冠、巧士冠、獬豸冠等几十种；巾有折角巾、唐巾、诸葛巾、东坡巾、纯阳巾等。另外，帽、盔、胄以及民间许多帽类都各有名称及戴法，到清代以后，许多帽类渐渐被淘汰或失传。至清朝帝制崩溃，有关帝王所用的冠冕就成了珍贵的历史资料，现代人所戴的帽式，除了传统帽式演变保留下来及改良款式外，受外来影响的式样较多。

二、外国古代帽饰的发展变化

外国帽饰的演变与中国有不少相同之处，但又有较大的区别。在称别上，外国历史上也称为冠、帽、盔、巾、冕等，也有大量的假发饰物。在此介绍几种典型的帽饰。

（1）古埃及（公元前3100年）纳尔莫成功地统一了上、下埃及，自立埃及第一王朝，成为第一位国王。他同时享有两顶王冠：白色的上埃及王冠和用柳条编织的红色平顶的下埃及王冠，显示了他的权力至高无上。

（2）15世纪法国流行一种草帽，与现在的款式相近。帽盔高低适宜，帽口正好合人头大小。宽大帽檐的一侧向上翘起，另一侧饰有两片羽毛，以保持和谐对称。

（3）15世纪法国妇女头饰之一的女式罩帽，为网状头饰，装饰丰富多彩，镶有璀璨夺目的珍珠、宝石，头饰上蒙有一层纱网。上部为高耸的圆锥形罩帽，这种罩帽将头发完全覆盖起来，有的还在顶部蒙上一块随风摆动的长面纱，或者将小块纱巾制成的蝴蝶结插到罩帽顶端。

（4）16世纪威尼斯总督的头冠是一种无边竖直圆筒形软帽。帽顶后部向上突起，再向前倾斜。软帽上布满花纹图案，这些图案细致精密、漂亮典雅。

（5）科戴帽，因为刺杀革命领导人马拉于浴室之中的女人夏洛特·科戴戴的就是这种帽子，所以这种帽子在1793年曾盛行一时。

（6）19世纪法国男式高筒大礼帽非常盛行，通常为黑色或深灰色。早在1798年时这种高筒大礼帽形成了它独特的式样，并在整个19世纪独占鳌头。同时，丝绸帽和海狸帽也是这一时期最为时髦的帽子。帽子的高度、帽筒外展的幅度、帽边的宽度以及帽檐的式样，每年都有变化。

（7）18世纪末至19世纪初，由于服装的简化，在帽子上进行装饰的形式增多了。波兰式的荷叶边帽注重镶皮边、饰流苏、缠藤等装饰；另外还有英国宫廷中戴的插有羽毛、帽子后部有较多首饰和布满精致刺绣的镶边女帽。

在此期间又出现了草帽。这类草帽，上系有彩带。另外还有一种黑天鹅绒法国帽，它是拿破仑征战活动的见证。这种帽子形似头盔，插满了羽毛。还有一种帽子与法国帽类相同，帽上有饰边，饰边全由金线连接，其状如鸡尾，帽上还插有不同的羽毛和羽翎，鸟羽全部向外展开。

（8）19世纪40年代的大檐帽，帽顶平坦、帽上的镶边与支撑紧紧相连，妇女对帽檐的颜色和极丰富的用料很感兴趣，檐帽上有在下颌处打结的彩带。

（9）19世纪80年代戴普通帽子的人增多了。檐帽在整个80年代都可以看到。这种帽子顶部高起，以满足高发型的需要，帽边也自然翘起，帽子周边垂挂着卷曲的羽毛或蝴蝶结。

三、帽与服装的关系

（一）帽与服装的整体性

帽的品种极多，每一种帽都随着服装的变化而更改。衣服宽大时，帽子造型夸张；而服装修长细窄时，帽子的造型也显得紧凑精致；服装造型简练时，帽子的式样也变得更为精练得体。

在现代服饰设计中，往往有如下几种情况。

第一种情况是在创意性时装发布会中，设计师的作品都非常讲究服装与帽子的整体搭配，通过帽子的功能性和装饰性，体现服装设计师的创作理念、服装作品的风格及表达出穿戴者的气质与风度。因此，这类设计作品大都有较为典型、夸张、突出、强烈的帽饰配套，装饰手法多样，装饰风格恰到好处，使人感到帽子的风采和美感。

第二种情况是一些享有盛名的服装设计公司附设有制作服饰配件的子公司或工厂，因此，设计师所推出的服装设计作品以及与其配套的帽子，当然还包括其他饰物，全部由工厂系统地完成。从服装、面料、色彩到风格的表达及情感的表现，这些制作单位都尽可能地接近或达到设计师的意图。设计师作品的整体美感、艺术风格、个性展示及服装品位也由此得到完美的体现。

以上两种类型注重时装的创意性组合和设计风格的表达。由服装的整体性、服装与帽子完美结合的形式提高人们的审美意趣，得到人们的赞赏，达到更好的宣传目的。我们可以从许多作品中欣赏到风格各异、款式多样的优秀作品。

第三种情况是市场上销售的成衣，大都以单独的套装形式出现，很少考虑与帽子的配套。在许多国家和地区，包括我国，成衣界与鞋、帽等行业基本脱节，各属自己独立的系统，造成了配件与服装之间的距离。如大众款式的帽子无法与新款时装配套，服装的独特风格也无法完美地体现出来。

因此，设计师的作品，无论面向市场还是展现个性，都应从服装整体的角度去设计。

（二）衣帽配套的因素

服装的整体性表现由多种因素组成，如帽、包、鞋等，如结合不当就会影响整体设计的效果。

从风格上说，帽子应与服装相符，因为它们是一个整体，应相互制约。如一款具有田园意趣的裙装上配一顶前卫风格的帽子显然是不协调的。好的作品在风格的协调上应具有独特性和一致性。如 20 世纪 20 年代初出现的不强调女性曲线的直筒式连衣裙或男孩式打扮的 T 恤、衬衫和裤子，配上短发型、钩针帽或小野鸭帽，形成了较为夸张的“小野鸭风貌”，显得可爱纯真，受到少女们的青睐。

20 世纪 30 年代初，欧洲女装外形细长、贴身，与之相配的是圆顶窄边的钟形小帽，平滑而又紧贴地戴在头部。在帽子的一侧饰有羽毛或花朵，使帽子和服装形成一个有机体，成为一种典型的淑女风格。

创意风格的帽饰设计虽别致大胆、令人惊奇，但与服装款式也紧密相关。如表现向日葵的服装，将服装设计为葵花的枝叶，而帽子的式样正好是一朵大大的葵花，模特行走在 T 型台上，人们远远望去，感受到整个服装似花非花的清新氛围。近年来，T 型舞台上所展示的帆船帽式、灯笼帽式、地球帽式等，在与服装搭配、风格的协调方面均有一定的创意性。

帽子的色彩要与服装协调，帽与衣的配色讲究整体性和协调性。美与不美虽依赖于设计师的修养、消费者的审美水准等因素，但也有其共性一般衣帽的配色有以下几种。

同类色相配——指衣帽以相同或相近的色相、明度或纯度的色彩搭配，在视觉上容易形成统一谐调的感觉，但也易产生单调感。

同花色相配——指帽子的颜色选择衣服花色中某一面积较大、色感较好的颜色相配，这样整体感强，风格较活泼。

花帽配素衣一服装的色彩淡雅、素静，帽子则可选择与衣服同色调的小碎花、条格纹，显得素雅中带点青春的朝气。

色彩的强对比——这类搭配最好选择风格较为强烈的服装，以服装中某一对比色作为帽子的颜色，显得大胆、强烈、夸张。

色彩的弱对比——突出柔和效果，虽是对比色，但色彩的明度、纯度反差不大，类似粉色效果，可强调女性的柔和感。

从帽子的材料和服装相配的角度看，制帽的面料应可能与服装面料相一致，使服装设计整体协调。如毛呢的服装与毛呢面料的帽子搭配；毛线衣裙与毛线帽搭配等。在某些特殊的情况下，也可根据需要适当变化。如牛仔服可配牛仔帽，同时也可配草帽或麻帽，但风格应一致。夏天穿着的针织衫、丝绸衣也可适当搭配质地细腻、编结精致的草帽。

创意性的设计，往往采用的面料都很独特，为了将帽子的外形定型或支撑起来，常用铁丝、竹蔑、塑胶管、皮革等材料作为支撑物。这就需要周密地考虑这些材料与服装面料之间的关系，从整体上协调起来。切忌在设计中将重点放在头部，强调了头部而忽视了服装，给人以头重脚轻的感觉。

第二节　帽子的分类

由于帽饰有许多不同的造型、用途、制作方法，款式也很多，因此分类方法多种多样，目前已有的分类体系按不同的内容有不同的方法。如按使用目的，可分为安全帽、棒球帽、风帽、泳帽、遮阳帽等；按材料可分为呢帽、草帽、毡帽、皮帽、尼龙帽、钢盔等；按季节气候可分为凉帽、暖帽、风雪帽等；按年龄性别可分为男帽、女帽、童帽等；按形态可为大檐帽、瓜皮帽、鸭舌帽、虎头帽等；按外来译音可为贝雷帽、布列塔尼帽、土耳其帽、哥萨克帽等。

在此我们按照帽子的形态特征对帽子的造型、特点、材料及用途做一些具体分析。

1. 钟形帽

钟形帽又称金钟帽，是一种圆顶窄边或无边的钟形女帽，起源于法国。这种女帽帽顶较高，帽身的形态方中带圆，窄帽檐且自然下垂。戴用时，一般紧贴头部。通常选用毡呢、毛料或较厚实的织物制成，有的还装饰一些饰物于帽边上。这种女帽在20世纪20年代曾被一些不受传统观念约束的少女所戴用，60年代再度流行。

2. 宽边帽、大轮形帽

宽边帽和大轮形帽的帽檐宽大平坦，帽座底边缠有一圈彩色绸带，帽檐边缘也有类似丝缎包边装饰，大多采用尼龙、白府绸和其他色彩明亮的透明或半透明织物制成。在帽子上加上装饰后可用于礼仪或婚礼场合。

3. 半翻帽

半翻帽是相对全翻帽而言，它是指帽檐的某局部向上翻卷，包括前翻、后翻、侧翻及双侧翻。半翻帽的形式很多，如较典型的牛仔帽、费多拉帽、圆顶硬礼帽、巴拿马草帽、蒂罗尔帽等都属此类。

4. 全翻帽

全翻帽又称布列塔尼帽，是一种帽檐全部翻起的圆顶礼帽。这种礼帽有柔软的圆顶，帽檐较宽并均匀向上翻折，具有水兵帽的某些特征，大多选用毡呢、毛料、棉麻等织物制作。它起源于法国西北部布列塔尼地区居民所戴的帽子。在英国、美国历史上水兵帽均为此样式。

5. 罩帽

罩帽是一种能服帖地罩住头顶及后部，并在颌下系带的帽子。有的女帽具有宽大的软顶，帽幅向前翻，在颌部系有蝴蝶结帽带，通常采用涤棉或高级密织棉布制成。它是一种始于14世纪的欧洲传统女式帽，源于印度的BANAT，18世纪曾是妇女们广泛应用的帽式，也是妇女、儿童在草原上生活、放牧时作为遮阳避风之用，后又演变为贵族夫人、小姐常用的帽式。现在这种帽子主要为儿童使用。

6. 硬草帽

硬草帽的主要特征是帽身和帽檐的夹角为直角，帽冠较浅，有一种平顶、直帽檐的男式硬草帽就属此类。男帽的帽底座边常嵌有黑色丝缎织带，一般以天然麦秸、麻制品或化纤原料等制作。由于此种帽子具有一定的硬度和较好的韧性，因此可遮阳避风，原为19世纪末英国划船竞技者和渔夫所戴。

7. 鸭舌帽

鸭舌帽的帽盆小，帽檐的局部形如鸭舌，起防护作用。这种帽子帽身前倾与帽檐扣在一起，此种帽式在新中国成立前的铁路工人中多用，苏联及原东欧部分国家的工人也常用。

另外，猎帽、高尔夫帽、棒球帽等均属此帽式。

8. 贝雷帽

贝雷帽是一种扁平的无檐呢帽，原为法国与西班牙交界的巴斯克地区居民所戴，一般选用毛料、毡呢等制作，具有柔软精美、潇洒大方的特点，其中美国特种部队所用的制服帽为绿色贝雷帽。戴用贝雷帽时，将帽贴近头部，并向一侧倾斜，在20世纪20年代和70年代欧美一些国家的女士中十分流行。我国现多为中老年男性戴用。

9. 无边帽

无边帽又称杜克帽。这种帽式无帽檐，顶部多使用蝴蝶花结、花叶等作为装饰。一般选用毛呢或针织品制作，具有柔软轻便、舒适实用的特点。

10. 盔形帽

盔形帽是一种能遮盖整个头部、面部，有时包括颈部的保护帽。这种盔形帽的前部采用透明材料制作，有时在面部有几个小孔，并附有呼吸器或无线电装置。此帽多选用质地坚硬的金属、厚皮革、塑料或纤维材料等制成，帽内一般附有带状支撑物，使帽子不与头部直接接触。这种帽常作为消防员、运动员、摩托车手、飞行员、坦克兵、海下作业人员等使用的安全防护头盔。

11. 兜帽

兜帽又称连颈帽，源于11世纪，是一种适合于男、女使用的头兜状风帽。这种帽子通常长垂至肩，有的与运动服或风衣连于一体成为连帽上衣，有的则通过拉链连接兜帽和上衣。兜帽一般能遮盖头部和颈部，并可通过系带或扣子调整帽的松紧。兜帽不用时，可拆下或垂于背后。

12. **头巾式无檐帽**

头巾式无檐帽又称塔盘帽，一种呈褶皱状的头巾式软帽，源于东方以长巾裹成的头饰。此帽无帽檐，帽与头部紧贴。在18世纪时盛行以薄纱加饰羽毛的帽式，20世纪70年代时曾在女子中流行。

13. **圆盒帽**

圆盒帽是一种圆盒状帽式。这种帽子无帽檐和帽舌，帽顶较平坦，通常把它扣于头顶部，一般采用毛呢、毡、厚皮革等制成，具有较浓厚的民族地方风格。最初为16世纪时意大利妇女使用的帽型。马球帽、侍者帽、土耳其帽等都属此类。

另外，有一种较为扁小的筒形帽，加饰美丽的绢花、羽毛、披纱和珠饰，是新娘婚礼的装饰帽。

14. **斗笠**

斗笠是一种帽顶较尖，帽底宽的倒锥形帽，帽内附有带状支撑物或由竹料编制的环形帽座，使帽子不与头部直接接触。此帽通常采用竹料或天然草等编制而成，具有结实耐用、透风性好等特点，是中国及东南亚部分国家农民常用的一种便帽。

15. **大礼帽**

大礼帽是一种帽顶高而直的男用礼帽，起源于19世纪的法国。这种礼帽的帽檐窄而硬，帽座底边饰有一圈由丝织品制成的滚边。这种礼帽通常与较正式的服装配用，显得庄重而有气派。在特殊场合中，女性也偶有使用。

第三节　帽子的结构及设计要素

一、帽子的结构

在设计之前要先了解帽子各部分的名称（图8–1)。帽子的基本型可分为平顶型与圆顶型。

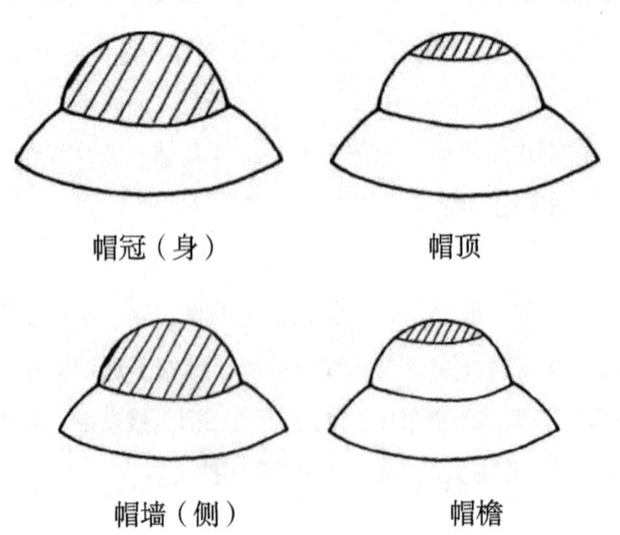

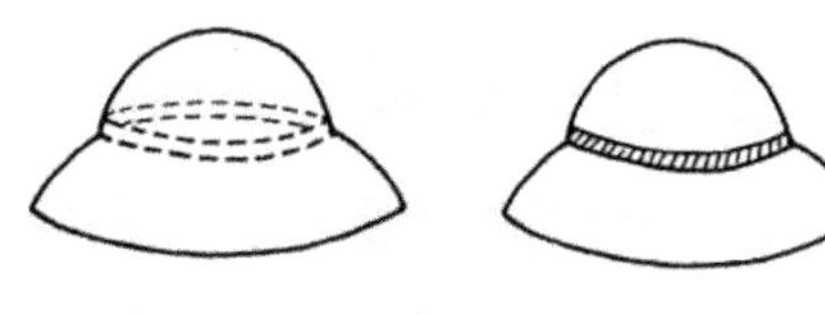
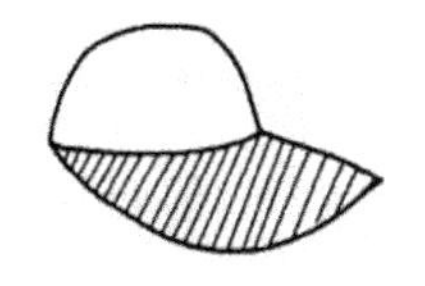

图 8-1 帽子的结构

帽冠（身）：这是指帽檐以上的部分，可以是一片结构亦可为多片组合。

帽顶：这是指帽冠最上面的部分，通常为椭圆形。

帽墙（侧）：这是指帽檐与帽顶之间的部分，帽顶与帽墙分为两部分的帽冠常在后中线处接合帽墙。

帽檐：这是指帽冠以下的部分。帽檐有宽有窄，形状可能是平的也可能是向上卷或向下垂。

帽口（箍）条：这是指缝于帽冠内口的织带，用于固定帽里并紧箍头部。

帽圈：这是指帽冠外围的装饰丝带。通常沿帽冠与帽檐交界线围绕帽冠装饰。

二、帽子的款式设计

1. 帽顶的变化设计

帽子的顶部有平顶、圆顶、锥形以及尖角之分，帽檐有宽窄、有曲直，有上翘和下耷角度的不同变化。帽顶的变形范围非常广，可紧贴头部、可高耸入云、可蓬松塌陷或倾斜歪倒。帽子还有软硬之分，如针织绒线编结帽子和丝缎、裘皮等制作的帽子都比较软，可根据需要调整和变化造型。而通过模压和黏合等工艺处理的呢料、塑胶、铁丝等材质较硬，具有可塑性强的特性。

2. 帽檐设计

帽檐的设计空间较大，除了在其宽窄和倾斜度上做设计外，还可以对外边缘进行波浪的处理，在帽檐上做饰物的添加，既可以做多层叠压或做卷曲设计，也可以通过不对称变化来表现其个性的一面。

3. 帽身设计

设计时注重形的塑造和点、线、面的应用，通过不对称的表现增加视觉的冲击力，往往结合材料创造其肌理和形态的变化。

4. 装饰性设计

帽子的装饰品也是帽子设计的一部分，是帽子造型的重要手段，恰到好处的装饰可以增加帽子的设计趣味，而且可以作为统一元素使帽子与服装的整体风格相协调。帽子装饰惯用的手段是在帽顶或帽围上添上绢花、鲜花、缎带、羽毛、花结等，也可以用别针、襟带、纽扣等，既可以起到固定某一部分的作用，同时又具有一定的装饰功能。此外，帽子上还经常使用绒线球、流苏或珠片坠等，甚至还会用更为异想天开的装饰手法。

5. 创意设计

设计原则偏离实用主义的形式美感，以荒诞非逻辑性的设计为主，常给人以荒谬、无理的视觉效果，而又使人们为其大胆创意折服。

三、帽子的材料应用

实际生活中常见的帽子材料有毛毡、面料、皮革、草、毛线、合成树脂等，范围非常广泛，不同的材质在设计的过程中会产生不同的效果。随着人们对不同帽子饰品的个性需求，对材料的优化要求也相应地增进，设计师就是不断地将人们这种需求作为设计目标，适时地推陈出新。当帽子款式趋于稳定时，色彩与材料的设计创新往往会给视觉带来更直接的冲击，一方面设计师可以通过新的技术手段对材料进行合理的利用，将材料、工艺、技法不断地翻新，使产品有千差万别之感，另一方面运用不同材料的并置获得新视觉的出现。

四、帽子的色彩设计

帽子色彩设计从某种意义上说更加重要，因为人对色彩的感官刺激要远远大于款式造型。无论是远观还是近看色彩首先夺其眼帘。我们在设计的过程中要正确把握帽子的色彩配置、整体服装色彩与人体肤色三者之间的搭配关系。

1. 实用主义色彩设计

在色彩设计中重视消费者的感受，把握实用性和舒适感，更要从服装的整体出发，考虑环境色彩的整体氛围进行设计。

2. 超现实主义色彩设计

这种帽子往往借鉴舞台设计的风格，具有戏剧感与夸张感。简单的点缀上鲜艳的羽毛，舞动之中透着一丝的诱惑，美幻而绝伦。

3. 叛逆的色彩设计

这类设计背弃了常规设计下对帽子色彩的理解，融入反叛的思维理念，设计思维更加延伸、扩张。表现为与众不同的色彩设计效果，或风趣或俏皮或朋克，以突出头顶上的这一抹风情为亮点。

第四节　帽子的制作工艺

帽子的制作专业性较强，需要一定的设备和工具以及专门的配料、辅料。

制帽的工具设备包括木模具、金属模具、熨烫设备、熨斗、剪刀、专门的缝纫设备等。

有些帽式用毛毡在模具上定型后可直接制帽。制帽的模具除了用金属制成或圆木制成外，也可自己制作。具体方法是，准备一些棉纸或毛边纸，在一个较大的球体（如塑料泡沫块、木球等）上，边刷糨糊边往上贴棉纸，并用熨斗熨干，这样反复多次，达到你所需要的形状和尺寸即可，干后备用。

制作帽子还需准备一些配料和辅料，如帽口（黏））条、衬条、帽标、特制的帽檐、搭扣、松紧带、里料、装饰布、纽扣等物。

帽子的制作根据设计要求，大致可分为模压法、裁剪法、塑型法、编结法等。

模压法是采用毛毡做原料，将毛毡在模具上定型，定型后卷边缝制而成。有的帽子经模压后再进行裁剪缝制，并装饰上花朵、丝带等物，效果较好。有的贝雷帽、卷边小礼帽就是用模压法制成的。

塑型法指用塑料、橡胶等材料在特制的模具中定型而成，定型后在内附加帽里、支撑物。头盔多以此法制成。

编结法在帽子的制作中尤为多见。编结材料有绳线、柳条、竹蔑，麦秸、麻、草等经过处理的纤维材料。编结的方法很多，有整体编结、局部编结后再加以缝合等；密集编结、镂空编结、双层及多层编结等造型独特、美观、实用，在编结的基础上还可加饰花边、花朵、珠片、羽毛等物。这种方法流行甚广，经久不衰，很受人们的欢迎。

裁剪法是制帽方法中最为普遍采用的。按照设计要求，将面料裁剪成一定的形状，配上里料、辅料缝制而成。

要掌握裁剪的方法，首先要了解帽子基本型的尺寸来源，然后在基本型上加以变形创造。

一、帽子的基本型结构制图

（一）测量

（1）头高的测量：从左耳根向上 1cm 处开始量，绕过头顶到右耳根上 1cm 处为止，得到的长度就是头高。

（2）头围的测量：从发鬓线绕过后脑最突出部位一周，所得出的长度就是头围。

帽子基本型尺寸来源于头形尺寸，其中帽口等于头围，帽冠高（包括帽顶）应从左耳上方经头顶至右耳上方，再除以 2 取得。做图时，已知帽口就是圆周长，求出半径的长度，公式为 $r=$ 周长 $/2\pi$。

设计帽子时，分割的片数宽度也取决于周长。一是帽口的周长，另一个是帽冠或帽顶的周长。将分割的片数确定下来，用周长除以片数即可得到每片的宽度。

（二）平面结构制图

（1）旅游帽（棒球帽）：旅游帽一般为六片型帽，前有帽舌，可用细帆布、皮革等材料制作。帽的颜色搭配以一两种色彩为佳，帽冠与帽檐的颜色可有区别。

（2）太阳帽：太阳帽的帽顶有六片型和全顶型两种。帽檐为平型或下翻型，缝合比较特殊，材料采用棉布或薄卡其布均可。

（3）宝宝帽：宝宝帽为软顶帽，用柔软的碎花棉布制成，可加饰花边及装饰。

（4）六角贝雷帽：六角贝雷帽为贝雷帽的一种，用薄型呢绒制成，帽口与头围吻合。

（5）六片便帽：六片便帽无帽檐，帽边可穿一丝带固定，居家着便装时使用。

（6）圆盒帽：圆盒帽的帽冠、帽口与头围相吻合，可加饰花朵或羽毛饰物。

二、毡帽制作步骤简介

（一）设备与工具

（1）模型（图 8-2)：制作帽子的模型包括头部模型、帽顶模型、帽檐模型、模型支架等。头部模型可被当作帽子支架便于制帽者操作。通常使用按定制者头部尺寸制成的头颅形木头模型，常用的还有亚麻制成的轻质头部模型。帽顶模型种类繁多，可根据流行的风格和样式制成各种形状。帽檐模型用于制作帽檐，它可与帽顶模型连接或单独使用。模型支架可将模型架起便于操作，同一支架可与各种不同的模型匹配。

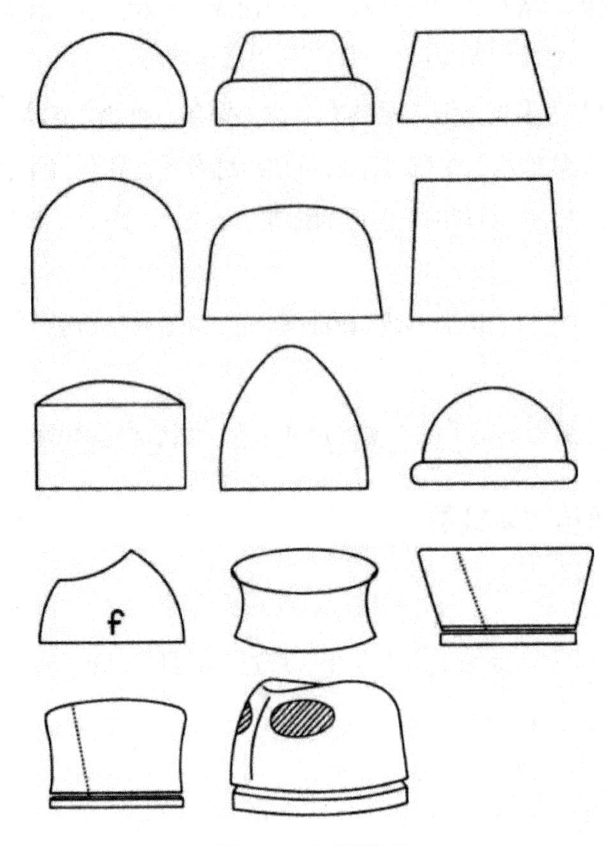

图 8-2 毡帽模型

（2）工具：除平面制图常用的工具外，还需熨斗、水壶、刷子、垫子、垫布、钳子、大头针、按钉等。

（3）材料：主要材料包括帽坯（绒毛毡呢帽坯、毛毡呢帽坯、草帽帽坯）、硬化剂以及衬里、帽圈、帽带、人造花、缎带、帽针及羽毛等装饰性配件。

（二）工艺制作

（1）帽坯制作：绒毛毡呢帽坯、帽冠及帽兜常用家兔、野兔、麝鼠、海狸鼠或河狸的软毛制成；毛毡呢帽坯则常用羊毛等制成。有时还将以上材料混合或将这些材料与化学纤维混合后制成帽坯。

绒毛经过适当处理后，通过吸力使绒毛均匀地分布在一锥形帽模上，而羊毛则是将粗梳纤维绕于一双圆锥形帽模上（后者是在其最宽部位剪开，即可得到两个锥形帽坯），经喷洒热水或蒸汽烫均匀归拢或蒸汽后，将帽坯从锥形帽模上摘下。这时的帽坯仍为松散毡合状，通过湿热定型使帽檐固态，经过一系列的硬化及收缩工序后才能成为完全毡合并近似锥形的帽冠。

毛毡是制作定型帽的最佳材料之一，它是用松散纷乱的纤维湿热定型而成，没有丝缕方向，在湿热条件下可以向任何方向拉，晾干后保型性较好。兔毛具有良好的缠绕结块特性，是优良的制帽毛毡材料，而羊毛毛毡的品质要取决于制作毛毡的绵羊毛的优劣。

草帽帽坯直接用纤维或条带（主要是秸秆、芦苇、棕榈纤维、酒椰纤维）编结而成。可采用各种方法编结这些材料，如将一组纤维或条带从帽顶的中心向外放射，与其他纤维或条带交织后螺旋盘绕的“织法”等。

（2）定型毡帽的制作步骤.

①选择基础帽坯：根据帽子的款式和风格选择毛毡的品质和基础帽坯的形状。

②涂硬化剂：将毛毡基础帽坯反面向上，用硬化剂涂抹整个表面，晾至干透。

③定型帽冠：将帽子在蒸汽壶上蒸透，趁热将帽冠在模型上拉紧，按压定型（可用布包住用熨斗按压），并用大头针或一根绳子沿帽冠底边线以下将帽子固定在模型上，帽冠底边的位置依帽冠的高低而定。

④剪裁帽冠：将帽冠底边线之外多余的毛毡切去。这部分毛毡可用来制作帽檐。

⑤制作帽檐：帽檐的定型方法与帽冠相同，帽檐内圈尺寸应与帽冠底边相同。可用蒸汽熨烫均匀归拢或拔开使之符合要求，通过湿热定型使帽檐与模型服帖并用大头针固定，晾干。

⑥缝合：帽檐口缝上沿条，帽圈内缝上帽口条，然后用手针在面上将帽冠缝在帽檐上，用帽圈装饰遮盖帽冠与帽檐的接缝，毡帽即完成。

第九章 手套、袜子、腰带

第一节 手套设计

一、手套概述

手套在当今服饰中，既是劳动防护品，又是装饰品，在许多场合它都起到很重要的作用，如礼仪场合中手套的应用，寒冷季节室外手部的保护，工厂车间里所戴的工作手套等。

手套在我国服装装饰中早已有之，但究竟何时出现无从考证，我国古代的服装以宽衣大袖为主，袖长过手，所以在许多场合是不需要戴手套的。劳动阶层的人因劳作所需，衣袖不能长过手掌，但在许多场合又需用手套加以保护，尤其是在气候较冷的北方使用居多。按资料记载，清代的手套已有露指和不露指之分。手套多以棉织品制成，也有用皮毛制作的，男、女都可戴用。清末民国之后，手套的应用已很广泛，无论军人、学生还是工农民众，在特定的场合中都有戴手套的习惯。手套以棉织物、针织物或毛皮制成，款式逐渐丰富。

国外有关手套的记载较多，有图文记载的最早的手套，可能要数公元前14世纪埃及法老图坦卡蒙墓中出土的一副式样美观的手套。在此之后漫长的时期内，手套的样式和作用很少被记载，但仍有流传。比较早期的手套记载为维多利亚—阿尔伯特博物馆的藏品，13世纪中叶罗马教皇克利门特五世手上戴着的手针编织的手套，但没有说明它的质地和款式。14世纪欧洲手套的记载，出自于一个平民形象的画面。《世界服装史》中这样描述："令人吃惊的一种新服饰就是那副手套，它只分出拇指、食指和中指。右手的手套塞在腰带上，经过分析，这可能因为戴上手套不便于播种的缘故"。（图9–1）上层人士所戴的手套大都为五指分开的样式，造型、制作更为精美。

图9–1 14世纪欧洲的手套

16世纪初的手套较短，受衣服开衩的影响，手指部留有缺口以便戴戒指。手套的腕部可以折叠形成折缝，以后逐渐增加了凸起的装饰。到了16世纪末期，男、女手套一般用软革制成，运用金绣和丝绣饰上了长长的腕口和精巧的花边，并在其上洒有香水。手套在当时既可作为爱情的信物，又可当作决斗的挑战书。

17世纪的手套更加华丽而夸张，如手套的腕部宽大并向外张开，边缘镶有流苏饰物或缎带环装饰，制作和裁剪均很精致，护腕处色彩浓重，无论男、女都可戴用或拿在手上。手套的风格与当时的鞋式、袖口等装饰风格一致，显得华丽美观。17世纪末叶，长及肘部的手套已经相当时髦，与其他饰物如阳伞、扇子等一样，都是服装中不可缺少的组成部分。

18世纪以后，手套成为人们必需的服饰品之一。手套的造型也更加符合手形特点，但装饰比17世纪简朴，长及肘部的手套边缘用丝带束结（图9–2)，短筒手套则利用针织罗纹口固定，这样的形式延续了一个多世纪。

图9–2 丝带束结的长筒手套

19世纪中，手套仍是男、女服饰中非常重要的内容，尤其是女子，一天中大部分时间都戴着手套。短手套通常可以与任何服装相配，长手套则要配短袖上衣。手套的颜色与鞋相称，白天女子将手套戴至肘部，而晚上的手套比白天更长，要戴至腋下。当时手套的设计与制作技术渐渐成熟，如1810年的一副德国产手套，采用细密的织物制作，为了屈伸自如，采用了斜裁的方式，手指、指叉和拇指处镶边造型精巧。以后，镶边的长手套和普通的皮手套都在流行。

20世纪以后，手套的发展更加全面，从款式造型、制作材料、裁剪工艺到色彩装饰，都不断得到完善。手套以实用与审美相结合的方式应用于社会各方面，在舒适性、健康性等方面更有所侧重。在许多特定的场合，如冬季的室外、工厂、车间、医务人员以及一些礼仪场合，手套仍是服饰中的必需品。

二、手套的设计要点

1. 造型设计

手套的造型设计可以通过强调某个局部达到设计目的，比如强调手腕部位装饰效果的长手套；设计重点在手背部位的半截手套；注重材质、色彩与肌理设计的机车手套。除此之外，还可以打破常规做一些别致的设计，比如情侣手套。

2. 装饰设计

手套的装饰包括不同面料的拼接、毛皮饰边、立体花、刺绣、钉缝、打褶等。

拼接装饰一般用在皮革手套上，也有将皮革与针织面料拼接在一起的装饰拼接；皮毛饰边一般用于皮革手套和冬季的防寒手套上；立体花和刺绣一般用在精美别致的皮革手套和针织手套的背面；钉缝和打褶的方式也是丰富多样的，一般多用在婚纱手套和礼服手套上，钉缝的材料可以是珠片、珍珠、宝石、金属等任何装饰物，打褶或者堆褶多用于手腕的装饰，可以做单层褶，也可以做多层褶的效果。

第二节　袜子设计

一、袜的发展

当今服饰艺术中，袜已成为不可缺少的服饰品之一。袜的造型、色彩、质地与服装紧密相关，相互呼应。回顾袜的历史，它与鞋一样是人们的足衣，早在有史之前就已出现，但由于它的造型、材料和制作方法与鞋相同，当时并未明确与鞋分开，因此鞋、袜应是同源之物。

我国服装史中对袜的考证并不多，汉代以前的实物也很少见到，从出土的人物形象中多见其外表的鞋式而不易观其内里之袜式。但在出土的汉代服饰中，已有锦袜出现，为素色直筒式袜，用锦制成，没有任何装饰（图 9–3)。东汉时期已有织出文字图案的锦袜出现，在新疆民丰东汉墓出土的高革幼锦袜就是用红地织文字的方式制成的。隋唐时期的妇女多用罗袜和彩锦袜，新疆吐鲁番阿斯塔出土有唐代花鸟纹锦袜。《中华古今注》中也记载了当时有“五色立凤朱锦袜靿”。宋代的袜子有长筒和短筒之分。在江苏金坛出土的南宋周瑀墓中有一种无底袜，大概因鞋底厚所以袜可无底之故（图 9–4)。宋代着袜更加普遍，士庶多穿着布袜，富足人家则穿着绫罗类袜。缠足妇女穿着“膝袜”，有些人用缠足布帛代替着袜。明代的袜子在造型上更加符合足形，用薄型面料制作，后边开口用带子结牢（图 9–5)。清代的袜子仍有长筒与短筒之分，并已有在袜子上刺绣花纹予以装饰的样式。

图 9–3 汉代的锦袜和夹袜

图 9–4 宋代无底袜

图 9–5 明代的袜子

图 9–6 古代波斯长筒袜

图 9–7 皱褶状长筒袜

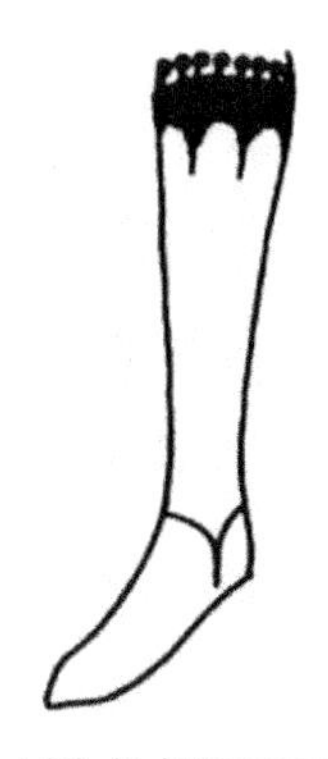

图 9–8 袜口绣有刺绣图案的长筒袜

在国外，袜子的历史也很悠久。早在 4000 多年前的古埃及服饰中，就已出现袜子的记载，当时的袜子很简陋，可能是削薄的山羊皮制成。在公元前 1500 多年前的古代波斯，长筒袜被普遍穿着。长筒袜的上端同靴子系在一起，牢牢地固定于膝盖之下，这种袜式多为征战者所用（图 9–6）。

公元 4 ~ 5 世纪时，手工针织技术已发展到袜子的制作上来，哥普特人用手针织出的袜子已非常精致，古罗马人亦很快掌握了这门技术。公元 8 世纪以后，袜子已为人们普遍使用。袜式有长有短，长袜筒往往达到膝盖下边，上部边缘有时可以翻卷过来，呈现出扇形装饰，或在袜边上镶以刺绣图案。有的袜子外形光滑，而有的外形则呈皱褶状（图 9–7）。短筒袜高至小腿部位或短至脚踝骨处，略高于鞋帮。11 世纪的所罗门国王形象中，靴内是一双大花图案的长筒袜，疑为精巧的刺绣图案（图 9–8），外观十分华丽。

14 世纪时长筒袜的装饰性更强，人们也更关心它的外形变化。斜向裁剪使袜筒伸展自如，又使袜筒表面平展，袜的长度有的可达腰部，便于系牢在夹衣内或固定在裤带上。此时，制袜的技巧已逐渐被人们掌握，利用优美合适的布料制作。有时为了耐用，还在长筒袜的底部缝上皮革。

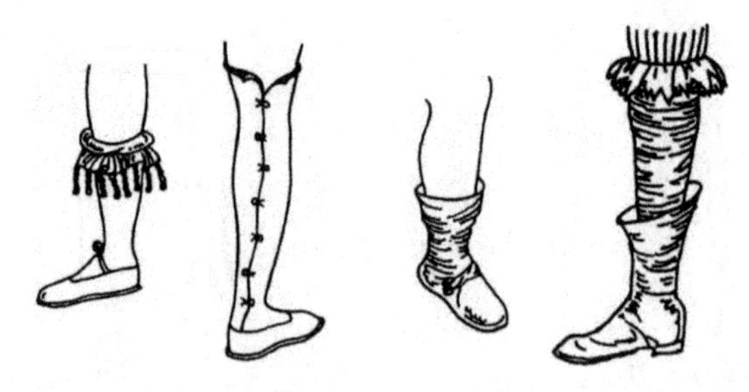

图 9–9 15 世纪长筒袜和中筒袜　　　　图 9–10 17 世纪男子长筒袜

15 世纪的长筒袜特征为尖头、细筒，有的袜底缝有皮革，又是袜子又可当鞋使用。长筒袜以中长为多，中长筒袜的袜边上端形成翻折状，有时在袜边上还镶有精美的宝石缎带（图 9–9）。袜子的颜色多为一致，但也有少量呈对偶配色，即两只袜子的颜色不一样。做农活的人常常要把袜筒上部反折至膝盖处以保护腿部。

16 世纪的长筒袜比之前更为合体，色彩艳丽、样式美观。袜子有时左右不同，出现了条纹装饰。瑞士人首先设计出袜筒的开口和切口，使袜饰更加别致。此时长筒袜开始产生变化，一部分袜子被改为上、下两段，上端为裤子的形状，而下端仍为袜子造型，为了方便穿着，两种袜式同时在社会上流行。到了 16 世纪中叶，长筒袜的外观与以往大不相同，有了新的装饰方法，如镶上几块布条，刺出小孔或加以刺绣；袜上端平整光洁，中部适当加宽，下端贴身。因是以手工编织的方法制成，所以可加点缀物。当时，意大利和西班牙都在生产这种由手工编织的丝线长筒袜，并很快在欧洲各国普及。

17 世纪男子袜式仍以长筒袜为主，有的袜跟两侧绣有花纹，袜筒上端及裤子下边都留有小孔，以便用饰有针织花边的带子穿过这些小孔将裤腿与袜子连接起来（图 9–10）。18 世纪长筒袜基本承袭前代，变化不大。但由于长裤和高筒靴的逐渐盛行，袜子慢慢地不完全暴露在外面了。整个 19 世纪，袜子以实用目的穿于足部而没有焕发出一个多世纪前的风采。直到 20 世纪尼龙丝袜的产生，使袜子以崭新的面貌出现，并掀起了一个革命性的风潮。

二、尼龙丝袜

尼龙（锦纶）是一种化学纤维，它是 1938 年美国哈佛大学卡罗瑟斯博士的研究成果，由美国杜邦公司定名并申请专利，尼龙开启了化学纤维的新领域。1939 年当尼龙丝袜首次问世时，就强烈地吸引了广大妇女。因为尼龙丝袜能使双腿显得更有线条，富有光泽和美感，盛行至今。如今，尼龙丝袜以各种面貌出现，从造型、款式、色彩以及织造、工艺、功能等方面都有很大的改观和更新。造型上讲究线条的美感、外观的效果；色彩上讲究变化及透明的程度；织造工艺上讲究牢固、不易脱丝脱胶；功能上注重透气性、保暖性、卫生性等，丝袜以其更新的姿态出现。近年来，日本还研制出一款“空气丝袜”(Air stocking)，它是一种有多种颜色可供选择的喷雾剂，喷涂于腿部后，其中的超微细感光子既能让肌肤拥有透亮光泽的丝袜质感，且上色均匀，同时还能避免夏季穿着丝袜的闷热、不易脱落。

当今的袜子，除了尼龙丝袜之外，棉织物、丝织物、毛织物以及丝和棉、锦纶和棉交织等各种材料的袜子都是人们非常需要的，因此各种袜式并存是必然的趋势。

三、袜子的穿着艺术

袜子的穿着是着装艺术之一。在一个人的服饰整体形象中，袜子几乎是不可缺少的配饰。在服饰艺术史上，着袜与着装一样，也存在着一定的礼仪和民族习俗，带有浓郁的民俗文化色彩。如我国历史上就有入席脱袜之礼，若进见王侯贵族而不脱袜则有蔑视之意，是不能容忍的。自唐代之始，脱袜之礼逐渐淡化，并为其他礼仪方式所取代。时至今日，如某人当众脱袜则会被认为是不文明、粗俗的举止。

如今，袜的穿着虽从礼仪方面不显得特别重要，但在如何穿着搭配、与服装整体协调方面很有讲究。人们往往对衣服、首饰、包袋的搭配更为注重，而对抹子的穿着有忽略之嫌，或搭配不得当，因此，由于袜子的缘故破坏了服装的整体效果也时有发生，特别是在公众场合。

在日常的袜子穿着中，应注意以下几个方面的问题，对人们着袜与服装整体协调会有一定的帮助。

[1] 袜与鞋的颜色要有一定的呼应，多数情况下丝袜应浅于鞋色，不要使之产生对比色。如黑袜、白鞋或红鞋、绿袜都会产生刺目的效果，而肉色丝袜对大多数鞋都适合。

[2] 腿部较粗的女性应考虑穿着较深色或带有隐性竖条纹的丝袜，少穿浅色透明发亮的袜子，尽量不要穿着长至小腿肚的中筒袜。

[3] 如果服装较复杂，袜子的颜色、花纹尽量简单。

[4] 儿童和少女在穿着裙裤和短裙时，可选择花边翻口、浅色或白色的短袜，带有都市风情。前卫色彩的高简袜也是少女们穿着的好款式，可以突出她们天真活泼的青春浪漫气息。

[5] 老年妇女在穿着裙装时，应选择长筒丝袜或连裤袜，不要让腿部露出一截，那是很不雅观的一种穿着方式。

[6] 男士的袜子应尽量以单色为主，尤其是在穿着正装时，不要让一身笔挺的西装下面露出一截花花绿绿、随随便便的袜子。

[7] 如果不是时装展示会中特意设计出来的袜子破洞，在平时的穿着中，袜子露出脱丝和破洞也是不够雅观的。因此，穿着时尤其要注意，若发现脱丝和破洞，应尽快更换。女士在外出时，可在随身带的包里放置一双备用袜。

袜子的穿着搭配，如今已在时装界备受重视。各式袜子的出现，也不断满足了千变万化的服装需要。了解了袜子的穿着搭配艺术，也就不难在令人眼花瞭乱的众多袜款中挑选出与自己的服装相配的袜子，以符合服装整体穿着的需要。

第三节　腰带设计

一、腰带的历史沿革

腰带是一种束于腰间或身体之上起固定衣服和装饰美化作用的服饰品。它与服装一样有着古老而又悠久的历史，并在服装中起着重要的作用。

名曰腰带，其实它还包括许多装饰形式，如缠于胸间的束带、臀带等。在服装史中，腰带具有多种形式和不同的名称，在各个历史时期起着不同的作用。下面分别介绍腰带的发展。

（一）中国腰带的历史演变

人类的祖先在艰苦的生活当中，学会了自我保护的方法。他们用纤维或皮条将兽皮、树叶缠绑于身，用以保暖护体或防晒防虫等，并形成了原始的衣着装扮。原始的腰带也由此初具雏形。

古代的衣服没有扣襻，将衣裤固定于身均靠各种形式的带子。到殷商时期，腰带的形式已非常明确，我们可以从大量的出土文物中看到各种束带的造型。在阶级社会中等级制度的形成使腰带也分成了不同的形式，与冠、服、色等一起，逐步完备了冠服制度。

在文字记载中，有关腰带的说法很多，如“易女玄衣带束”中的带即是腰带。在商周时期，带已有革带与大带之分。革带宽二寸，用以系韨，后面系绶。大带是天子与诸侯的腰带，大带四边都加以缘辟。天子为素带朱里，诸侯不用朱里。大带之下垂者曰绅，宽四寸，用以束腰。赵武灵王推广胡服骑射，而胡人的腰带是很有特色的，在腰带上附加了许多小环，可将小物件随身携带。当时的腰带使用带钩加以束缚，带钩以铜或镶金制成，腰带又以皮革制成，这种带式对后来腰带的演变起了很大的作用。《梦溪笔谈》对此做了详细的叙述：“中国衣冠，自北齐以来，乃全用胡服。窄袖绯绿，短衣长靴，有蹀躞带，胡服也……所垂蹀躞，盖欲佩带弓剑、帉帨、算囊、刀砺之类。”革带之上有金玉杂宝等装饰，此为北方民族所喜爱的服饰品之一。

南北朝时期妇女服饰中，腰间加饰束带，它与革带区别之处为腰带柔软而较长，一般在腰间绕一两圈后再打结。刘孝绰《古意》诗有“荡子十年别，罗衣双带长”，梁武帝《有所思》中“腰间双绮带，梦为同心结”，腰带长且能系漂亮的结式，并有飘曳的带尾，使女性服饰显得更加妩媚动人。

唐代官服中使用革带，沿袭古制，如唐高祖赐李靖的革带叫于阗玉带，有十三銙并附带环，革带的带尾叫铊尾，唐时铊尾向下斜插。妇女命服中腰带随男服用革带，常佩蹀躞七事中的几件，但一般妇女常服中腰带又以束带为主，以柔软绵长、缠绕花结为美（图 9–11)。

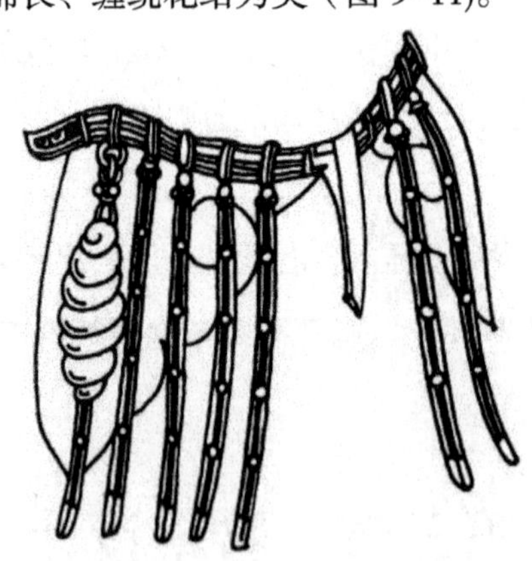

图 9–11 蹀躞带

革带在宋代的官服中，是官职高低的标志。从材料和装饰、色彩上都很讲究。革带称为鞓，外裹绫绢，唐时多用黑鞓，唐末五代时用红鞓，宋代以黑鞓为常服。在鞓上附有带銙，它的质料、排列和制作有一定的制度。如朝服用玉带銙；有官品者才能用犀带銙。“通犀带”有特旨者才能用。带銙的形状和雕饰亦有一定的区别，帝王用排方玉带，大多以四个方形及五个圆形排列于革带上。

帝王及太子一般用玉，大臣用金。低级官员只能使用铜、铁、角、黑玉之类。

宋代革带的两头称挞尾或铊尾，随着官员们的喜好由短至长，又由长变短，不断变化。

在日常生活中，低等官职和平民的腰饰有革带、勒帛、綯和看带。此革带是黑鞓铁角为铐的革带。勒帛指约束绣袍肚和背子之用的带饰，家常服中只系勒帛而不穿冠服。綯是如绳索形的普通圆腰带，用以束腰而下垂，在宋代，隐士和一般人士多用。看带即为后世的鸾带，它是在织成的带上织有花纹装饰，较宽阔。

明代官服所用革带，外裹红色或青色绫，其上缀以犀玉金银角，合口叫“三台”，两旁有小辅，左右各有三圆桃，后有插尾。官阶一品用玉带，二品用花犀，三品用金钑花带，以此类推。

明代的腰带，多束于胯部并不着腰，用细纽将腰带悬于衣胁间。

衙门杂役、皂隶等腰带为红色或青色丝织或布织束带；各衙门椽史、令史、书吏等系丝绦；举监等腰束蓝丝绦。

清代官服中腰带有朝带、吉服带、常服带、行带等。皇帝的朝服带为明黄色，上饰红宝石、蓝宝石、绿松石、东珠、珍珠等。按规定，亲王朝带之色，宗室用黄，觉罗用红，其余人皆用石青、蓝色或油绿织金。

带用丝织物，上嵌有各种宝石，有带扣和环扣，用以系汗巾、刀、觽、荷包等物。带扣用金、银、铜等制，考究的则用玉、翡翠等制。其中所佩之汗巾称为帉或飘带，用布或绸为之，在带上各绣有“忠”“孝”二字，因而又称为“忠孝带”。

一般男子的腰带以湖色、白色或浅色的束带为准，其长结束后下垂至袍底，讲究些的可以绣花或加些零星佩饰。

清代妇女所束腰带多于上衣内，较窄，用丝编结而下垂流苏。后改长而阔的绸带，系于衣内而露于裤外，成为一种装饰品。颜色以浅而鲜艳者居多，一般垂于左边，带下端有流苏、绣花或镶滚。

在近代，由于冠服制度的解体，纽扣和拉链的广泛使用，腰带的应用逐渐减少，不像以往那么严格和规整，但它的实用价值和审美价值仍使腰带在服饰整体中具有很强的生命力。如今的腰带，款式众多、造型新颖独特，在服装整体中成为不可缺少的组成部分。

（二）西方腰带的历史演变

腰带在西方的服装历史中显得非常重要。尤其是在18世纪之前，它不仅应用广泛，在许多情况下还作为地位、权力和财富的象征。

在数千年前的古埃及王国，固定服装所用的腰带就很精巧别致，被推测为是手工拼接的缝制品或手工编结品。而当时农夫、渔人所结的束带，则是以布料剪成条形，用来绑住臀部遮盖物；也有的束带本身呈三角形或菱形，用以围住腰腹部位。到中期王国时，腰带的式样已经成为显示地位尊卑的重要标志，与服装的式样同等重要。腰带细长，装饰华丽，有时于身后打结或打成方形扣结，腰带两端自由下垂，与节日盛装一起穿用时显得格外突出、引人注目。帝国时期服装款式更为复杂，腰带的款式也显得宽大笨拙。有的腰带如早期的胯裙，沿腰部绕一周后在腹部打结，下垂部分形成一个很大的扇形；也有的腰带很长，绕身两周后打结，其带尾下垂拖至脚踝。

在古希腊的服饰品中，腰带不仅仅是用来束衣和显示身份的，还是一件重要的装饰品。闭合的多利安式衣裙有深陷的皱褶，上衣长至臀部，这种衣饰的腰带往往不是系于腰部而是系于胯部，以保持上衣皱褶部分的美观。另一种是将多利安式上衣加在爱奥尼亚式上衣的外面，与之相配的则是双层的装饰腰带。

到了海伦时期，各种腰带或饰带更加繁复，如有辫状的系带、双层系带等。腰带的位置也从胯部向上移动，结在齐于腋窝的胸部，有的甚至系于乳房上，使服装看上去外观更为平衡匀称。

古罗马人的服饰，与古希腊追求时髦的贵妇服饰很像，基本上保持了多利安式与爱奥尼亚式风格，但根据古罗马人的喜好有所变化。腰带以细长饰带为主，系带的位置在乳房之下或腰部上方。古罗马妇女所穿的紧身内衣非常短小，叫做斯特罗费姆内衣，而腰间所系的是一条很宽的腰带，主要为束腰之用。

12世纪贵族妇女中，华丽昂贵的服装体现了这一时期的风格，腰带细节也展示得很清晰。腰带细长，一般在3.7m左右，缠绕在腰间偏下部位、在背后中央交叉，再由臀部上方折回到身前，并牢牢系紧，腰带的两端以许多股丝线编成穗状一直垂落于地面。整个造型与饰法都带有东方风格的痕迹。

在中世纪男式服装中，有一种系在胯部的腰带。此腰带极为贵重并饰有珠宝，有时人们为了能够拥有或佩戴这样的腰带，必须花大笔钱财才能得到。

15世纪德国的男装中，系带长衣为主要服饰，人们喜欢在腰带上加些装饰物，如在腰带上挂些铜铃，将装饰用的短剑佩在腰带上。有的腰带较宽，上面镶有金属装饰，系法也很特别，并不贴身紧系，而是松松地挂于腰下。以后佩剑带逐渐被绶带所代替。这种绶带又宽又长，上面通常绣有图案，披挂在右肩上，用以携带左臂下的剑。腰带的造型也比以往复杂、多层次，并有数对扣带，可以将马裤挂于扣带之上。女式服装中腰带仍很华丽，通常是五颜六色的，并饰有金质镶片，腰带比当时其他国家的略宽一些。如有一位贵妇人的腰带上镶满了珍珠宝石，身前中央还悬挂了一枚长长的垂饰物，她可以随时将搜集的金银珠宝等饰品附于这枚垂饰物上，可见这条腰带的珍贵了。

此后的很长时间内，妇女服饰中的腰饰均以裁剪方式制成，外用腰带已明显减少。但丝带式的腰带或装饰带在不同时期时有出现，主要起装饰作用。而男式腰带也仅在衣内系戴，以实用为目的，外衣宽松不系带，因此腰带的价值也不如从前那么昂贵。

17世纪欧洲女装流行复古之风，使束腰带重又受到欢迎。当时腰带束得比较高，同时也流行束在正常腰围的高度。此后，系于腰际位置似乎已成为固定格式，流行了数个世纪。19世纪末，由于服装风格的简化，女式腰带具有男性化风格，预示出20世纪腰带与服装的趋势。

（三）腰带在服装上的应用

从以上中外腰饰物的发展变化及应用中，我们可以看出，腰带的实用性和装饰性是有机并统一、结合并相互促进的。它同时还有炫耀财富、显示地位的作用。

腰带原为固定衣服的实用品，因为早期的衣裙没有纽扣、拉链等来束缚，为了不使衣服在活动中落下，也为了便于穿脱，人们便使用一根细长的带子将衣服捆绑起来，很容易就解决了这个问题，原始腰带的雏形也由此而产生。人们寻找到可以利用的纤维，切割出动物皮条、纺织出面料，使用各种方法制作成形态各异的腰带。然而，解决了实用的目的之后，人们又在美观上动脑筋，尽其所能，将腰带制作得更漂亮。因此，出现了在腰带上雕花、印花、镶嵌珠宝、刺绣、编结、悬挂饰物等手法。单层、双层、多层以及束带所编结出的花结，也使腰带增加了美感。

过分装饰的腰带，虽然非常豪华美丽，但要耗费大量的钱财，历史上曾有人为得到一根豪华腰带，不惜卖掉房产田地。因此，豪华腰带也成为富有的标志，有相当的经济实力才能够佩戴得起。在历史上的某些阶段，贵妇巨贾们竞相攀比争妍，使得腰带一度走向畸形发展的道路。

腰带的另一个表象，则是作为身份和地位的象征。中外历史上都有这样的记载，在冠服制度中，不同等级的官员腰带的式样、颜色、装饰也不相同，不可随意佩戴。帝王或官员的腰带一般装饰较华丽，有时还饰满金银珠宝，而平民百姓的腰带则比较简陋，不加装饰，偶有一些穗饰或在系扎上有些变化。

当今的腰带装饰，早已失去了身份等级地位的象征意义。而人们更注重的是它的美观和实用性，注重腰带在服装上的整体效果。许多有信誉的著名品牌，也使人们增加了一些崇拜心理及新的价值观，炫富的心理被淡化，取而代之的是展示品位、气质和实力。

二、腰带的分类与设计

（一）腰带的类别

腰带又称皮带、裙带等。名曰腰带，其实它还包括胸带、臀带、吊带等多种带式。根据它的功能、造型、材料等分成不同的类别，如根据功能，可分为束腰带、臀带、胸带、吊带、胯带等；按材料可分为皮带、布腰带、塑料腰带、草编带、金属带等；按制作方法可分为切割皮带、模压带、编结带、缝制带、链状带、雕花带、拼条带等。以下介绍几种主要腰带。

1. 胸饰带

胸饰带是由一连串的链圈或绳带组成的装饰性带子，有一定的结构和装饰性，绕于上身，用钩子连接腰部。

2. 链状腰带

链状腰带是用金属或塑料制成的链式带，通常在腰部使用带钩扣合。

3. 流苏花边腰带

流苏花边腰带由绳线编结而成。一般以多股绳线编结出各式花结，宽窄不定，加上扣襻作为腰带，加上流苏可以束结，还可在上面缀饰珠子和亮片。

4. 宽腰带

宽腰带又称宽带，是一种紧身宽带。一般由金属、皮革、松紧带等材料制成，较宽，扣合于腰部正前。

5. 牛仔腰带

牛仔腰带是以皮革制成的宽腰带，腰带上有压印的花纹图案，有的还有铜钉装饰，原来附带的手枪皮套现已被省略。皮带的分量较重，腰带前端为钢制回形钩，另一端为数个铜扣眼。

6. 印度腰带

印度腰带是印度男、女所佩戴的束衣宽腰带。一般采用宽幅布料制成，结好后有襞裥。女用束带选用柔软、抽褶织物制成，束在裙子或外套上。男用腰带较宽，织物前部有褶皱，后部较窄，在腰间缠绕数圈后于腰侧或背后打结。

7. 和服腰带

和服腰带用于和服束腰，通常佩戴在胸部下方。另有一条狭窄的细腰带系于宽腰带之上，在腰带的后方系成各种漂亮的花型，如樱花、松树、牡丹等，装饰效果比较柔美。

8. 臀围腰带

臀围腰带是束于臀围线上而不是束于腰部，有宽有窄，上加许多装饰物，多用于上衣、迷你装等服装。

9. 双条皮带

双条皮带指以两条皮带并排装饰的形式。以皮革或布料等制成，有的皮带中间留有缝隙，多为装饰之用。

10. 金属腰带

金属腰带是以装饰为主要目的，用金属制作而成，多用于新潮、前卫的服装上

11. 珠饰腰带

珠饰腰带是在皮革或布制腰带上缀满珠饰亮片的一种腰带，也有以珠编缀而成的。腰带较宽，饰珠按色彩或形状排列出花纹图案，多为装饰之用。

12. 腰链

腰链是以单层或多层链条组成，多为金属制作。在链状结构中还可垂悬流苏珠饰，用于新潮时装及舞台表演装，装饰性很强。

（二）腰带设计

1. 材料及辅料

设计腰带时，首先要考虑材料与辅料的合理应用。归纳起来，腰带材料有如下几大类：

皮革制品——动物皮革、人造皮革、合成皮革、配皮等。

纺织品——棉、丝绸、化学纤维、毛呢、麻等。

塑胶制品——硬塑料、软塑料、橡胶类。

金属制品——金、银、铜、铁、铝、不锈钢合金等。

绳线编结制品——毛线、棉线、麻线、塑胶线、草类纤维等。

辅料——金属扣、夹、钩、饰纽、襻、打结、槽缝搭扣、鸽眼扣等。

饰品——珠子、金属片、塑料片、垂挂饰物、首饰、花朵、绳结等。

2. 设计风格

腰带作为时装配件已成为时装形象的一个组成部分，在服装整体中起到画龙点睛的作用。设计风格要以服装风格为基点，与服装的整体风格相呼应。根据服装风格的演变，腰带的设计有如下风格。

（1）优雅娴静风格。优雅娴静风格是女式腰带的特有风格，多以丝绸、布料或皮革制成。纺织品束带以柔美、飘逸的形式于腰间打结，或于腰侧、或于腰后结出蝴蝶结，飘带下垂，使服装尽显女性柔情。皮革所制的腰带应尽量细窄些，装饰上精巧细致的饰物，色彩雅致，同样能够展示出淑女的柔情。

（2）运动休闲风格。运动休闲风格是为运动型服装或休闲式服装所设计的皮带风格，以皮革、塑料、帆布等材料制成，款式简洁明快，可采用不对称设计，于腰前部交叉，显示出轻松活泼的风格（图 9–12)。

图 9–12 运动休闲风格的腰带

（3）洒脱冷峻风格。洒脱冷峻风格的腰带款式精练醒目，造型呈流线型或直线型，色彩可选择金属色或冷艳色调，尽量少用装饰物。

（4）刚毅雄健风格。刚毅雄健风格是男式腰带多用的风格，以皮革带为主，造型宽大、强硬、厚重，强调力度、粗犷和夸张的手法，双层及多层重叠、交叉并可加饰金属镶钉或其他饰物，突出阳刚之美和雄健的风格（图 9–13)。

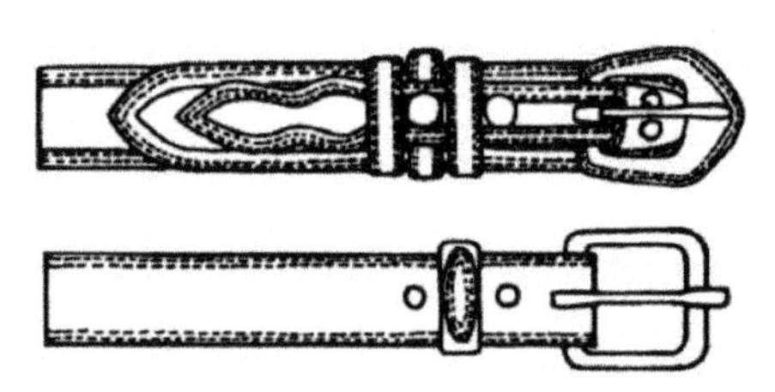

图 9–13 刚毅雄健风格的腰带

（5）民族风格。各民族服饰中都有非常优秀的腰带式样，它突出了各民族文化的典型特征。如波斯风格、西班牙风格、波西米亚风格、印度风 取精华和灵感来设计（图 9–14)。

图 9–14 民族风格的腰带

3. 腰带设计

腰带设计首先要考虑美的基本要素。作为服装整体的配饰物，腰带应成为能够与服装融为一体的因素，从服装的风格、外形、色彩、材料等方面统筹考虑，以达到理想的设计效果。

腰带的宽度和长度的确定是设计中常遇到的问题。按照人体的结构和比例，腰带的外观应采用细长型才能够符合人们生理上和视觉上的需要。宽度应在 20cm 之内，太宽的造型原则上已失去了腰带的意义，而且会显得非常笨重。细可到手指粗，太细会使人对其牢度产生怀疑。长度可按照实际需要设计，腰带以适合腰围为准，加放的尺度可长可短，但要能够围住腰身。束腰带有的可以圈数计，腰带可围腰数圈，还可束结后将腰带两端拖地，产生飘曳的效果。长与宽的比例还可按材料的性质而定，如一般皮革带可宽些、短些；金属链带可窄些、长些；而纺织面料的束带则可根据需要决定其宽窄长短。

平衡也是腰带设计中的重要因素。腰带处于人体的中心位置，起着分割服饰、调节人视觉平衡的作用，因此腰带造型的好与坏，直接影响服装整体的外观效果。

平衡有对称平衡和不对称平衡，在比较正统而庄重的服装上，可以采用对称平衡的设计手法，但过于对称容易使人感到呆板拘束。因而，对于不少服饰来说，虽设计的是不对称的款式，但在视觉上却仍要达到平衡的效果。这样的设计较为灵活、富于变化，适合多种服装及场合（图 9–15)。

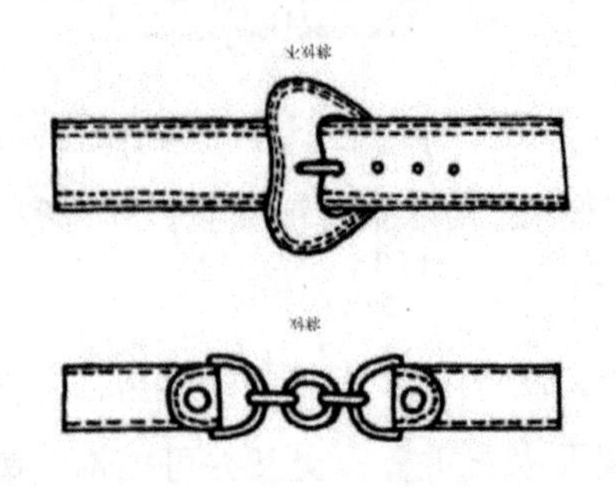

图 9–15 对称平衡与不对称平衡腰带

应强调腰带主体部分的设计。如带扣、装饰等物，引导视线贯注于主体之上。对带扣的造型、脈装饰形式、点缀物，都可进行加强设计，以达到最佳效果。

腰带的选材是设计中不可忽视的重要因素，材料的质感、手感、自然纹理、色彩等都是设计变化的要素。不同质感的材料镶拼、正反皮面的镶拼、宽与窄材料的镶拼均可产生丰富的变化。同一款式的腰带选择不同材料制作，也可产生完全不同的外观效果。

色彩设计对于腰带来说同样重要，应根据服装款式与色彩的需要，为腰带配以适当的色彩。

腰带的色彩配置以单色、近似色为主，色调要相对统一。由于腰带在整个服饰中所占的面积较小，色彩可以亮丽但不要太花，以免影响整体效果。

（三）腰带设计范例

1. 链状腰带

链状腰带以环链结构造型为基础，多以金属或皮革制成，可长可短，亦可做多重组合。

2. 宽腰带

宽腰带一般以皮革、布料制成，造型独特，外形较为夸张，可做多种设计，在腰带上亦可饰以金属饰钉、人造宝石、刺绣等装饰（图 9–16)。

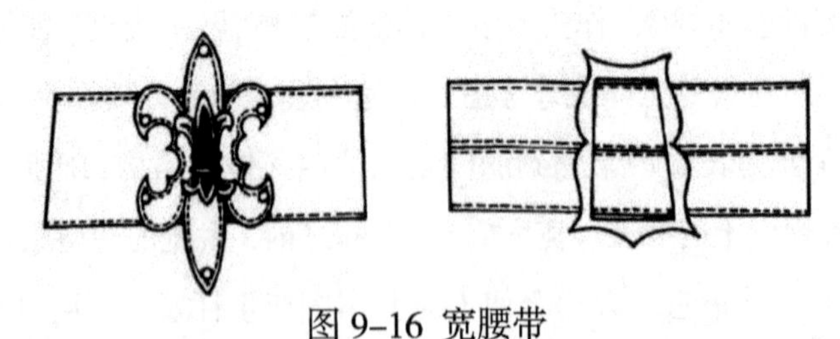

图 9–16 宽腰带

3. 双层腰带

双层腰带强调外观的层次感和厚度，一般以皮革制成，设计用内层与外层的宽度、造型加以区别。可装饰金属饰钉、人造宝石等饰物（图 9–17)。

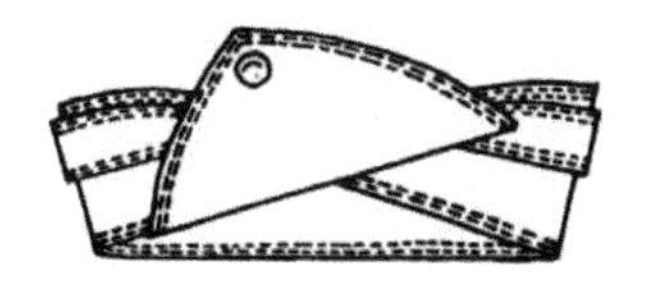

图 9-17 双层腰带

4. 革编腰带

革编腰带是将切成细条状的皮革按不同的造型编结而成，形成一定的花纹，如网状、辫状等（图 9-18）。

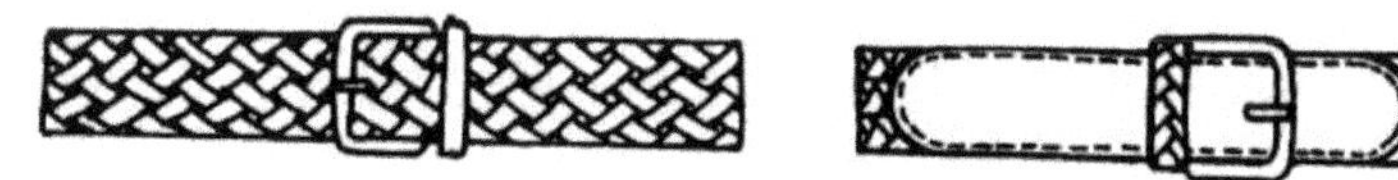

图 9-18 革编腰带

5. 其他款式

在皮革的设计制作中，可采用富有变化的造型和装饰，如皮带扣的变化，皮带上装饰钩襻、装饰小袋以及变化其外观造型等（图 9-19）。

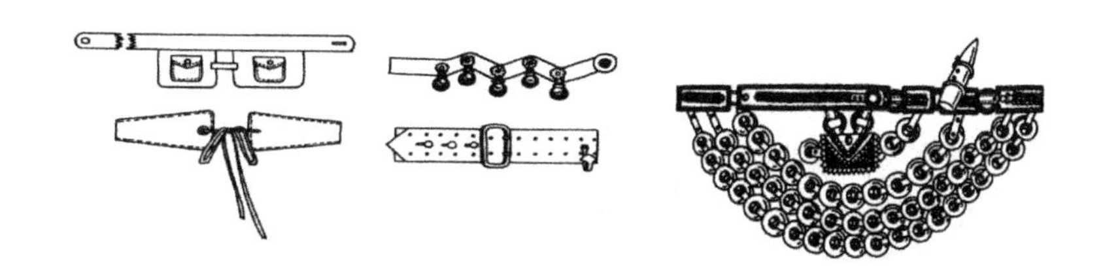

图 9-19 各式腰带

第十章　其他服饰配件

第一节　披肩、围巾设计

披肩、围巾是披在肩上或围在颈部的物品，其造型、面料、色彩极为丰富，用途也非常广泛，具有实用性和装饰性，多用纺织品、裘皮及毛线等材料制成。冬季使用披肩、围巾能保暖，一般用柔软的、较厚面料制作，实用性强；春秋季使用的披肩、围巾，一般用中厚、薄面料制作，具有实用性及装饰效果；夏季使用的披肩、围巾，用轻、薄、透面料制作，具有较强的装饰作用。

围巾是当今服饰中不可缺少的饰物之一。在许多场合中与服装搭配，起到不可忽视的衬托作用。围巾的装饰方法多样，除披挂、打结、缠绕等形式外，还可借助一些漂亮的饰针将其固定，也可根据个人的兴趣爱好及审美观进行组合。围巾的围系部位，可披于头颈之间、围在肩颈部、绕于胸前、扎在发辫上、做胸袋装饰、缠在手腕上等，能够充分显示其实用及装饰美化的作用。

围巾的款式以长方形、正方形、三角形、圆形、多边形等造型为主；棉、毛、丝、麻、化纤各种材料均可制作；色彩花型应有尽有，组成了一个艳丽斑斓的围巾世界。

一、披肩、围巾的种类

围巾的种类很多，按原料分为兽皮巾、毛皮巾、丝巾、纱线巾及各种化纤和交织巾等；按生产工艺分为机织巾、针织巾、无纺巾等；按形状分为长巾、方巾、三角巾、圆巾、套巾等；按围巾的边须分为织须、装须、粘须等；此外还有用多种材料和工艺组合、拼接而成的。

二、披肩、围巾的设计

（一）披肩、围巾的款式设计

1. 根据用途不同设计

1. 束发用。一般材料为丝或丝棉，是利用围巾的图案多样的特点，对头发进行装饰。这种巾一般尺寸较小，可设计正方形、长方形或三角形。它的大体扎系方式是将巾卷成一条扎结于发辫上，达到修饰与美化作用。

2. 裹头用。一般材料为丝、化纤、棉等材质，利用围巾特有的图案及形状特点，对头部进行装饰，可设计成长方形或方形。它的扎结方式多种多样，可将围巾先折成三角形或长条形，围系头部，起装饰作用；也可将头部围住只露出脸部，防风尘用。

3. 围脖用。材料应用很广泛，是采取了围巾的柔软修长的特点，对颈部进行装饰。多设计成长方形或方形。扎系方法主要是将围巾折成细条状或三角状围系在颈部，以达到对颈部的修饰作用，一般颈部修长的人最适合这种围系方式。

4. 装饰用。指的是利用围巾的图案、色彩和造型，对身体进行修饰。装饰用围巾的形状设计多样，尺寸多变。它的扎结方式有多种，也可以直接以其原始形态围披。

5. 防寒用。在天气早晚温差变化较大，或在增加较厚服装之前，用较厚重的、保暖性好的围巾来围系、披覆在脖颈或上半身，既可保暖防寒，又穿带自如。可设计成长方形、正方形、三角形、半圆形等形状，尺寸较大。

2. 尺寸设计

根据用途不同，围巾在尺寸设计上大不相同，一般分为小、中、大、特长几种尺寸。

3. 形状设计

长方形巾、正方形巾、三角形巾、圆形巾等。

4. 图案（纹样）设计

单独纹样、连续纹样、手绘、刺绣图案等。

5. 装饰设计

珠片镶嵌、蕾丝、刺绣、镂空、皱褶等。

了解围巾的不同用途，并在设计的过程中遵循形式美的法则，进行款式、色彩、材料等方面的综合考虑，即可设计出丰富多彩、形式各样的围巾，为人们日常着装起到点缀和美化作用。

（二）披肩、围巾的色彩设计

从色彩上看，与服装色彩协调的围巾、披肩搭配起来显得优雅稳重，适合于正式场合；与服装色彩呈对比色的围巾，搭配起来活跃一些，适合于一般场合。如果服装是单色，可搭配有图案的披肩和围巾；如果服装的图案太大而显眼，披肩或围巾最好选择单色；有民族传统风格、特色的披肩、围巾与民族服装搭配，可以在任何场合使用。

披肩、围巾在色彩设计上主要采用色彩系列设计、双色反色设计、单色设计（无图案）、拼色（多色组合）设计等设计方法。

（三）披肩、围巾的材料应用

不同的配件使用的材料不尽相同，在服饰配件设计中，材料的选择应用要考虑服饰配件与材料的协调性、合理性及美观性。在原有材料的基础上不断创新，利用新材料和多种材料组合，形成服饰配件的多样性外观，使服饰配件外观不断更新。服饰配件外观效果的多样性与多种材料组合有很大关系，在披肩、围巾上的材料应用主要有梭织面料、针织面料、各种线类、其他（多种材料组合）。

三、披肩、围巾的设计与制作实例

实例 1 长条形编织围巾

此款围巾可以配合轻便服装围在颈上。围巾编织花样及长度不同，可以显示出不同风格。

1. 长条形编织围巾的款式设计（图 10–1）。

图 10–1 长条形编织围巾

尺寸设计：宽 22cm，长 120cm，穗长 15 ~ 20cm(长度可根据爱好决定)。

用量：中粗毛线 190g。

用具：2 号棒针 2 根。

2. 长条形编织围巾的编织工艺要领

样板（密度）设计：10cm2 正方形内横向 13 针，纵向 16 行。

起 29 针，用引伸针编织，全长 120cm，中间无加减针。编完后收针，最后结穗子，做穗的毛线如图 10–2 所示，将 2 根毛线并股扎结，整齐地剪成 15 ~ 20cm 长。

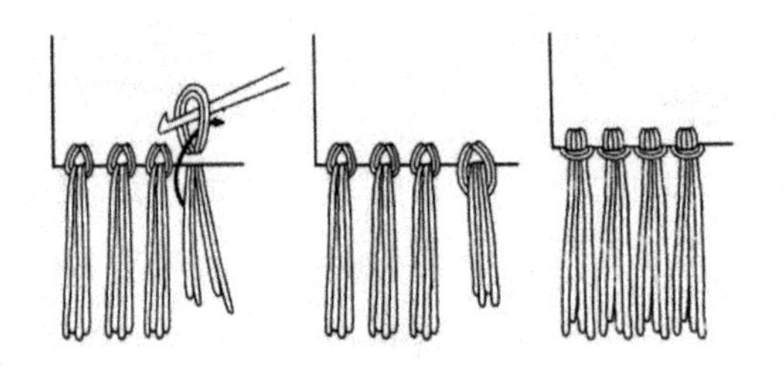

图 10–2 结穗步骤

实例 2 长形编织披肩

1. 长形编织披肩的款式设计

2. 设计宽幅披肩，在毛线类型、编织花样、宽度及长度上应相应变化，可以与各类服装搭配使用，能够起到改变整体着装效果的作用（图 10–3）。

图 10–3 长形编织披肩

尺寸设计：宽 60cm，长 160cm，穗长 15~20cm(长度可根据爱好决定)。

用量：中细粒结毛线 360g。

用具：10 号棒针 2 根。

2. 长形编织披肩的编织工艺要领

样板（密度）设计：10cm2 正方形内横向 14 针，纵向 18 行。

松松地起 85 针，用斑点针编织长 160cm，中间无加减针。使用特殊的粒结花线是为了避免披肩重量过重，同时又不失掉毛线的疏松粗散的感觉，这样才能收到理想效果。编完后收针，最后结穗子，修剪成 15~20cm 长。

实例 3 纺织面料手工制作半圆形披肩

披肩不仅能制成正方形、长方形，也可以制成三角形、圆形及多边形，用于装饰或防寒。用纺织面料制作披肩要考虑面料及拼料的质地、花色和垂感，不同的面料制作的披肩效果大不相同。图 10–4 所示披肩为半圆形，特点是加扉边，扉边可采用针织、蕾丝或本料制作。

1. 手工制作披肩的款式设计

尺寸设计：宽 86cm，长 178cm，扉边 8cm 长（长度可根据爱好决定）。

用量：纺织面料尺寸 144cm × 180cm 长。

用具：缝纫工具。

样板设计：根据面料纱向，可以直排或斜排，有时根据设计或节省面料也可以在中心线做分割缝。

图 10–4 手工制作披肩

2. 手工制作披肩的制作工艺要领

（1）首先，将披肩的扉边按设计好的缝份裁好。

（2）简易的缝制方法：将扉边的两头按缝份缝合（合成一个圈），扉边在外缘向里侧三折，缉 0.3cm 明线。扉边内缘 0.7cm 抽褶。扉边可以采用机器压褶或手工聚褶。

（3）披肩裁剪时周边留 1cm 缝份，在直线一侧的缝份外缘粘 7cm 防抻条，以防止披肩在制作或穿着过程中因拉伸而起波。

（4）扉边与披肩表侧相对，围绕披肩一周均匀缝合后码边，缝份倒向披肩侧熨烫，缉 0.1cm 或 0.5cm 明线即可。

比较高级的做法：扉边留 0.5cm 缝份（避免因太厚净缝份时麻烦），裁宽为 2cm，斜度为 45° 的包条，在制作时与披肩和扉边一起缝合，缝份倒缝后，扣烫包条，缉包条明线，完成全部制作过程。此种做法虽复杂些，但成型效果好，缝线部分美观、牢固。

例 4 纺织面料手工制作圆形披肩

1. 手工制作披肩的款式设计

手工制作披肩首先可作为方形设计，即方形披肩。然后，以方形披肩制图为基础做弧线处理，转变成圆形披肩。

此款披肩为圆形设计，是由方形披肩转换而来的。两款披肩尺寸相同，但下摆形状不同，成形效果也会不同。

2. 手工制作披肩的要领

（1）首先，将披肩的扉边按设计好的缝份裁好。

（2）先将扉边的两头按缝份向里侧三折，缉 0.3cm 明线。然后，扉边在外缘向里侧三折，缉 0.3cm 明线。扉边内缘 0.7cm 抽褶。扉边用平缝机或手工聚褶。

（3）裁 45° 斜的，有弹力的包条待用。包条宽 2cm，长度等于扉边长度减去包条弹力长度。

（4）披肩四周留 1cm 缝份。

（5）缝制要点：将披肩周边向里侧三折熨烫整齐，然后缉 0.5cm 明线。在扉边完成聚褶后与包条及前襟一起按各自所留缝份缝合，之后扣烫包条，将包条包住缝份，最后缉包条明线，完成全部制作。

实例 5 纺织或针织面料与毛皮拼合制作披肩

选择稍厚重、保暖、柔软、垂感好的针织或纺织面料，与毛皮料一起制作披肩，是服装搭配的重要物品。

披肩的制作要领根据设计将皮毛裁成 8~10cm 宽，四周留缝份 0.7cm。首先，把皮毛按缝份接合，并把接缝处缝到里侧的毛整理好，与披肩面料面对面均匀缝合，然后将毛皮翻折到里侧，缝份倒向毛皮侧，手针缭缝固定。

第二节　领带、领结设计

领带和领结是从外国传入我国的一种男式装饰物，如今在女装中也可使用。

早在 16 世纪 80 年代，欧洲男子服装追求华丽的装饰，衣领部分奇特的装饰令人称奇。如由金属框架支撑的大褶领及扇形花边，大褶领下由缎带结成一个下垂的花结，这即为领结的最早雏形。此后在男式服装中，渐渐地出现了各式领结。17 世纪以后，领前的垂饰更为精致漂亮，有的是用威尼斯式针织花边（图 10-5）制成。而法国大臣的领结为较简练的方形垂片，这是一个值得注意的变化，领带的形式是否由此演变而来值得考证。

图 10–5 1670 年佛兰芝人的领结

领带来源的另一说法，即受克罗地亚士兵所系领带的影响。该领带为一条亚麻布制成，末端镶有花边，将领带围在脖子上后再用一条缎带系牢，领带向下垂饰而缎带结成蝴蝶结。这是一种较为古老的领带式样，后来在法国服役的克罗地亚士兵都系这种领带。另一种领带是用一块方巾按对角线折叠数次，形成一条窄长的带子围在脖颈上，然后打一个漂亮的蝴蝶结。这种领带式样在某些地区一直流行到第二次世界大战之前。在路易十四的肖像画中，我们可以看到他颈部的缎带结向两边展开，领结上的针织花边从缎带结的下边露出并整齐地垂挂在胸前，非常美观。

关于领结，也有一段有趣的故事：在 1692 年斯坦克科战斗中，一些法国士兵清晨突遭袭击而被俘，他们在匆忙之中系上领结，把领结末端的布角塞进上衣领下的一个扣眼中。以后这种方式竟然成为一种新式方法而得到人们的注意，他们称此领结为“斯坦克科式”，无论男、女都系上了这种领结且着实流行了一阵，这种领结甚至成为人们的炫耀之物（图 10–6）。

图 10–6 斯坦克科式领结　　图 10–7 17 世纪末法国式领带

17 世纪末流行的领带（图 10–7），在 18 世纪 80 年代重又出现，领带的式样也有了新的变化，出现了许多的新造型及结法（图 10–8），一直流行到 19 世纪 20 年代。此后，以往那种围在脖子上数圈的领带，改为围成平展的一层，末端打上一个平整的结（图 10–9）；有时还采用领带别针加以固定，如阿尔伯特王子曾用一条端头有珍珠的领带别针来固定领带。当时的领带和领结除了黑色之外，还有白色、灰暗色调，有花形图案和条形图案等。19 世纪 60 年代流行一种窄式蝴蝶领结，在正式场合人们多用白色领结，平时的领结带有花形图案。70 年代蝴蝶领结逐渐少用，取而代之的是类似今天的活结领带和领结，而且越加讲究与礼服的配套使用。在许多正式场合中，领带与领结成为男装中不可缺少的装饰。

20 世纪以来，领带及领结已基本形成固定的式样，在一些正式场合中它成为必需的饰物，如音乐会中乐队男性指挥者的固定服饰是燕尾服与领结或西装与领结；男士们工作、谈判、出席宴会的正式服装是西装与领带，这种形式已约定俗成地在人们心目中成立。另一方面，传统的领带以巾为饰的方式，从领带中分化出来，与传统的围巾结合，形成了特有的围巾装饰。

德国勃兰登式领带　　美国式领结　　领带

图 10–8 18 世纪新的领结领带

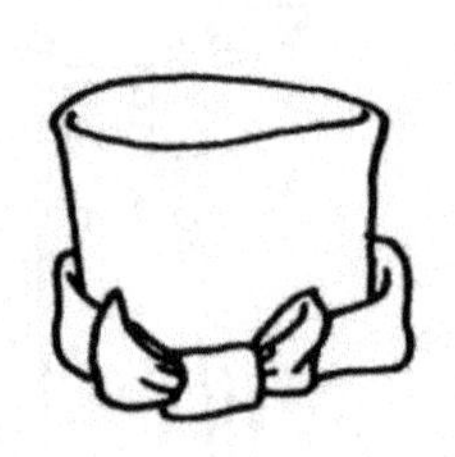

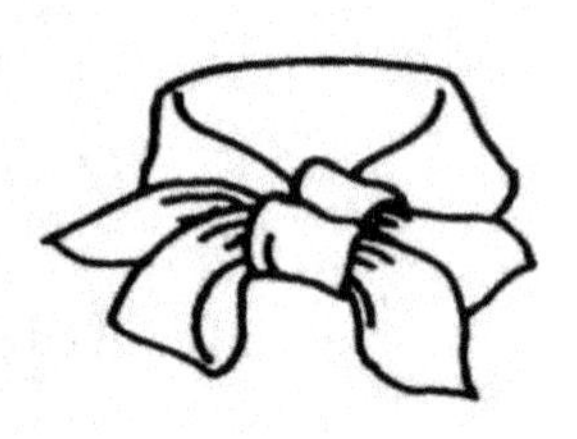

图 10–9 19 世纪的领结领带

领带在宽窄、长短、方头、尖头上加以变化，在所用面料和加工方法上加以变化。如领带常用真丝织物、棉织物制成，现在还利用丝麻织物、化纤织物、针织物及皮革制品制成，以素色、印花、绣花、压花等方式创造出新的形式和面貌。人们还在不断改变它的系结方式，如打结式、拉链式等，使领带和领结更为舒适合体，更加实用。

今天的领带和领结，是男士服饰中重要的装饰品之一。尤其是在一些正式场合，男士们穿着正规的西装，在白色衬衫之上再系上合适的领带（或领结），无形中增添了一种严肃和庄重的感觉，这种搭配形式曾是西方男子服饰中正式着装的典范，已盛行了近一个多世纪，而今天仍不失为男装中的上乘选择。然而，另一种轻松、舒适的装扮形式正在冲击着传统方式，也影响着人们的装饰观念。穿着风衣、夹克或其他服装的人，也落落大方地系着领带，展现出一派洒脱、自然的风貌，有着独立、个性的时代风尚，这是传统装饰形式难以企及的。

在佩戴领带或领结时，要注意与服装搭配适当，从领带的面料、花纹图案、色彩、造型等方面综合考虑。如常用的领带或领结有丝绸面料、针织涤纶面料、毛呢面料及皮革等，它们各有不同的外观和手感。花纹图案和色彩根据面料的不同，有色彩典雅的几何形小花，富有传统魅力的波斯纹样，有色彩对比强烈的大型图案，更多的是各种不同色调的单色领带。在选择领带、领结时，要根据服装的不同面料、质感，不同的色彩花型来考虑，应做到色彩深浅相宜、冷暖适当，花型及面料、手感均有一定的搭配，起到衬托、点缀和装饰的效果，而不要过分夸张，喧宾夺主，这样才能使整个服装与饰品相得益彰、风采动人。

参考文献

[1] 贾京生 . 服装色彩设计学 [M]. 北京：高等教育出版社，1993.

[2] 郑健 . 服装设计学 [M]. 北京：中国纺织出版社 .1991.

[3] 许星 . 服饰配件艺术 [M]. 北京：中国纺织出版社，2008.

[4] 马蓉 . 服饰配件设计 [M]. 重庆：西南师范大学出版社，2002.

[5] 华梅 . 服饰美学 [M]. 中国纺织出版社，2008.

[6] 阳川 . 服饰配件的设计因素 [J]. 成都纺织高等专科学校学报，1998（01）.

[7] 何飞燕，戴雪梅 . 议服饰配件在服装设计中的运用 [J]. 沈阳建筑大学学报，2008（10）.

[8] 李玉婷 . 时装企业转型开发服饰配件产品浅议 [J]. 科技广场，2007(12).

[9] 吴静芳，服装配饰学 [M]. 上海：东华大学出版社，2004.

[10] 吴静芳，时装配套艺术 [M]. 上海：东华大学出版社，1998.

[11] 吴静芳，时装装扮艺术 [M]. 北京：中国纺织出版社，1999.

[12] 黄元庆，服装色彩学 [M]. 北京：中国纺织出版社，2004.

[13] 王永春，于君 . 平面构成 [M]. 沈阳：辽宁美术出版社，2010.

[14] 王尹宣 . 浅析服饰品设计中编织艺术的有效运用及创新 [J]. 戏剧之家，2016(23).

[15] 史玉媛，周怡 . 手工编织艺术在现代服装中的实践与探索 [J]. 科技视界，2016(19).

[16] 陈宇刚 . 浅谈编织艺术在现代服装设计中的运用 [J]. 纺织报告，2015(04).

[17] 王维堤 . 中国服饰文化 [M]. 上海：上海古籍出版社，2010.

[18] 华梅 . 服饰生理学 [M]. 北京：中国纺织出版社，2005.

[19] 王渊 . 服饰搭配艺术 [M]. 北京：中国纺织出版社，2009.

[20] 李当岐 . 中外服装史 [M]. 武汉：湖北美术出版社，2004.

[21] 黄能馥，陈娟娟 . 中国服装史 [M]. 北京：中国旅游出版社，2010.

[22] 管彦波 . 中国头饰文化 [M]. 呼和浩特：内蒙古大学出版社，2006.